得觉咨询

格桑泽仁　王英梅／著

四川大学出版社

项目策划：唐　飞　段悟吾
责任编辑：蒋姗姗
责任校对：许　奕
封面设计：墨创文化
责任印制：王　炜

图书在版编目（CIP）数据

得觉咨询 / 格桑泽仁，王英梅著．— 成都 ：四川
大学出版社，2020.10
　　ISBN 978-7-5690-3309-0

　　Ⅰ．①得… Ⅱ．①格… ②王… Ⅲ．①心理咨询
Ⅳ．① B849.1

　　中国版本图书馆 CIP 数据核字（2019）第 296612 号

书名　得觉咨询
　　　DEJUE ZIXUN

著　者	格桑泽仁　王英梅
出　版	四川大学出版社
地　址	成都市一环路南一段 24 号（610065）
发　行	四川大学出版社
书　号	ISBN 978-7-5690-3309-0
印前制作	四川胜翔数码印务设计有限公司
印　刷	四川盛图彩色印刷有限公司
成品尺寸	165mm×230mm
印　张	17
字　数	229 千字
版　次	2020 年 10 月第 1 版
印　次	2020 年 10 月第 1 次印刷
定　价	58.00 元

扫码加入读者圈

◆ 读者邮购本书，请与本社发行科联系。
　　电话：(028)85408408/(028)85401670/
　　(028)86408023　邮政编码：610065
◆ 本社图书如有印装质量问题，请寄回出版社调换。
◆ 网址：http://press.scu.edu.cn

四川大学出版社
微信公众号

序　言

　　很多咨询师在咨询过程中会遇到很多挑战，会感到束手无策，于是就会出现一个能力枯竭和知识层面枯竭的状态。面对很多新的问题，他们会觉得自己能力不足。将自己历练为一个"钢铁侠""超人"甚至"神仙"，成为什么都能应付的人，越是有这一想法的咨询师，越会发现自己实力不够，于是就进入一个循环。在咨询队伍事先设计好的循环里，不断地学习更多的技术，不断地督导，不断地参加各种培训，这既是这个体系的一种有效模式，也是这个模式给咨询师带来的约束与限制。

　　心理咨询、企业战略规划、生命规划、健康规划等各种咨询体系的模式和方法虽然各有不同，可核心问题的载体都是人，都要求人们必须愿意改变，否则什么都做不了。咨询师也好，规划师也好，要做的是帮助人们看到自己可以改变的地方，并唤醒自己的动力源，付诸行动才能产生真正的改变和发展。

　　很多资深的咨询师也在不断学习提升，并寻找"更高"的咨询师去督导，学习很多改变"别人"的方法来改变自己在咨询过程中的困惑、无助、无力，我们要做的是彻底放下我们的所学，全然地成为体验者。这个时候我们就能产生共鸣，共同探索生命的本来，需要面对的问题也将一一呈现，各种方式也就自然而然显化出来。

这时，所有学过的知识、方法、技能都能自然而然地运用，不会有流派的痕迹，不会有死板的方法，不会有学术的分割，灵动自然，这就是得觉咨询。

那么什么样的咨询师才算是更高级的咨询工作者呢？

解决问题的？各种机构导师、学者、专家，还是……

我觉得大师也好，专家也好，这些都是称谓和标识，来访者可能只想解决问题，但我认为咨询可以帮助他们找到自己生命的成长之路。

实战经验多一点，生活经历丰富一点。在咨询这个行道中，不认为自己是高人而一直潜心一线工作的人，才能成为得觉咨询师。得觉咨询不认为在咨询的领域里有所谓的高人，真正的高人就是那些愿意为人民服务的人。

咨询实践 10 年以上的人，你问问他们帮助了多少人，他们或许都会说帮助了一个人，那就是自己。那些大家认为被帮助的人其实都是自己帮助了自己。

从"咨询"本身来看，"咨"意为商议、询问，"询"意为询问、请教。咨询的意思是通过人头脑中所储备的知识经验和对各种信息资料的综合加工而进行综合性研究开发。心理咨询是指运用心理学的方法，对心理适应方面出现问题并企求解决问题的求询者提供心理援助的过程。所以心理咨询师并非代表咨询本身，而是作为辅助者，通过唤醒来访者愿意改变的动力源实现咨询的目标。经常看我在中央电视台的心理访谈节目或者陪同我处理很棘手的一些事件的人会很惊奇地问我："这么复杂的事情，你为什么能够轻松自如地处理？"其实并非我的能力强，而是我彻底地放空自己，放下自己，不带概念评判，从真实的生命规律和社会规律，以及符合自然规律的角度，了解这些事情，解决问题的方法自然就在那里。

如果你愿意并做到放空自己固有的知识，甚至技能和观念，你也能做到。

我们一直被自己的所学所知约束着。每一个人都是独特的，每一件事也是独立的。如果我们能够放下自己，全然地放下自己，全新的视角就会出来，这件事情的发展路径或暂时不能发展的现状就会显化出来。只要我们足够安静，在这种独有的专注中，事、人之动相自然就会引起我们的注意，我们就可以通过引导，或者是特殊的一些场景方式，让来访者自身感觉到，走这条路径的同时，还有其他几条路径可以选择，来访者自己回去权衡。常常可以看到他们选择最没有伤害、最不消耗能量的路径。因为这条路径就是他们此刻能选的，也是他们自己本来的路，他们会发现原来的自己只是因为小的格局、小的视角，才没有看到大的场面，或者是内在的某一个需求、欲望被周围人影响而误以为自己是正确的，并一直执着在这条路上让自己产生困惑、混沌、纠结。整个咨询过程其实是一个觉悟的过程，更是一个觉醒的过程。

如何将这样一个觉悟觉醒的方式总结成文字，介绍给大家，其实是一个蛮难的事情。况且得觉之路，一定而且必须是自己亲证才行，写出来又怕是另一种误导。得觉咨询中的心理咨询部分也并非传统意义上的心理咨询。得觉咨询其实包含着生命规划、企业战略规划、个人成长规划、个人心理困惑、健康咨询、家庭状况、家庭关系等诸多内容，心理咨询只是其中的一小块而已。或者说，我们生活中所遇到的麻烦或者迷茫的事情，都可以通过得觉咨询来让自己明了，同时，做好下一步的行动。

基于这种原因的咨询，是得觉体系历时 20 年的实践总结出来的一套具体的实战技术。得觉咨询，孕育在东方，但可以运用于各种人群，包括不同国家、不同文化体系、不同年龄的人。因为这套理论是从实践中提炼出来的，前前后后服务于近百万各个阶层的人，从大家的反馈信息中总结，然后再运用再总结。受益群众都觉得非常好，尤其是老师、企业管理人员、心理工作者、医务工作者以及年长的有阅历的人士感触更深，他们都希望将这套技术总结出来，出版成书。但由于这是一个灵活的方法，我怕大家掌握不好，就一直拖延到现在，才开始花心血去总结凝练。在总结的过程中，我们尽量用通俗简单的表达方式，将核心的方法、技术介绍给大家，帮助更多喜爱这方面的人士，同时也帮助自己身边的人。本书会让我们在认知层面产生一种新的视角去认识世界，认识社会，认识自己的生命；在感觉层面产生一种全新的感觉去体验生命，体悟自然。

对于本书的编写，得觉团队的各位老师付出了很多努力，他们是王悦、何景洋、宗玲、高慧、孙斌、叶哲彦等，尤其是王悦老师、何景洋老师，在文字的整理方面做了大量的工作，在此一并表示感谢。我相信本书的问世，一定会给大家一个全新的感觉，希望大家能够运用其中的理论，在付诸实践以后，将诸多的体会和感受反馈给我们，并提出自己的看法和意见，以便我们今后在新的修订版中能够将大家实践的内容和咨询案例的体验一并编写进去，让《得觉咨询》这本书更加丰富、实用。同时让更多的读者，通过学习得觉咨询尽快进入实战，不能很快上手的也可以模拟一些内容，帮助自己成长和认识自己。

格桑泽仁

目　录

第一章　得觉咨询概论

第一节　得觉与得觉基础理论

一、得觉的起源

得觉是格桑泽仁教授历时十五年，汲取中华传统文化的哲学思想和生活智慧，于 20 世纪 90 年代末创立的一套不同于西方思维模式的当代原创心理学理论。这一理论体系被命名为"得觉"，并于 2001 年注册了文化商标。

格桑泽仁从中国传统文化入手，深入学习中国传统哲学、儒释道思想和"陆王心学"，并系统地研究了五千年来深刻影响中国人思想的民俗文化和生活智慧。在研究健康人群思维方式的基础上，把现代心理学和哲学的发展成果与中国传统文化的精髓完美结合，形成了一套独具中国特色的心理学思想、理论和方法，统称为得觉体系。

得觉体系是一套承古人之智慧、顺应自然、服务社会的当代心学。得觉体系包含得觉人生、得觉家庭、得觉养生、得觉康复、得觉咨询、得觉管理、得觉催眠七个领域。

　　如今，作为一套兼具哲学、心理学和当代心学特色的理论体系，得觉最大限度地面向社会的不同群体，帮助人们认识自己，处理各种人际关系，逐渐改变与外界不匹配的思维、情感和反应方式，并逐渐养成适应外界的思维方式，进而提高工作效率，改善生活品质，发挥生命潜力，提升生命层次，实现自我价值。

　　得觉理论体系自诞生以来，得到了社会各界的广泛关注，现已被业内权威人士认为是"脱离了西方心理学的最本源的中国心理学代表"，是一套属于东方人自己的心理学体系和哲学体系，得到了业界同行的高度赞誉。

　　格桑泽仁教授结合东方文化特别是中华传统文化的智慧，提出了得觉理论，并发展出相应的心理辅导技术，为丰富现代心理咨询理论和技术做出了贡献。

二、得觉的丰富内涵

　　得觉在汉语中有"得到、觉悟"之意，描述的是人们精神所处的状态。人时刻处在一种得觉的状态，当你开始觉得自己没有觉悟的时候，你已经开始处于一种觉悟的状态。当你感觉自己已经觉悟的时候，你即将进入另一种觉悟状态。这是得觉的第一层含义，也是自我暗示、自我催眠原理的一个基础。

　　得觉的第二层含义是自我对话。"得"字可以拆分为三部分，解读为：每一天，我们都会跟自己进行细微的对话。"觉"字可以解读为：自己享受自己头上的光环。我们在日常生活中做出的每一个决定，都会经过思考，经过大脑中反复的自我对话，然后选择一个最佳的方案。得觉中的"自我对话"理论在整个心理咨询和治疗中，都起着重要的作用。

得觉的第三层含义描述的是人们通过学习获得成长的过程。这个过程可以用五个字表示：知、悟、做、得、觉。"知"到"悟"是重复过程，"悟"到"做"是行动过程，"做"到"得"是发展过程，"得"到"觉"是升华过程。达到"觉"的人，超越，再去悟，这是一个循环的过程。从图1-1的得

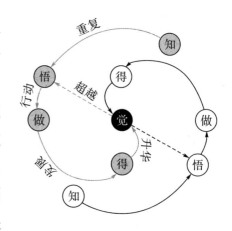

图1-1　得觉螺旋图

觉螺旋图可以看出，学习的第一步是"知"，第二步是"悟"，第三步是"做"，第四步是"得"，第五步是"觉"。最终从"觉"再到新层面的"悟"，进而实现学习的螺旋式上升。人都可以通过自我的学习成长，唤醒内心的力量，面对和挑战当下的状态，激发自身的内在能量而获得自救。

得觉的第四层含义，是藏语"dejie"的音译，取藏语中"平安、吉祥、快乐、安康"之意。这既是美好的祝福，也是每个人期盼的生活状态，更是创立得觉体系的初衷。

得觉的第五层含义，是指在得觉螺旋图的指引下，生命按照顺时针方向在时间中变化前行，精神按照逆时针方向在空间里运动升华，波浪式前进，螺旋式上升。也就是说，我们生命按照顺时针方向前行，生命——时间，精神按照逆时针方向运动升华，精神——空间，时空组合，我们就会获得圆满的立体人生。

得觉的第六层含义，是人们从生活的"得到觉悟"到精神的"得道觉行"。得觉理论是朴素实用而又不失灵活的，所有的理论都顺应人自身的特点与事物发展的自然规律，着眼于优势区，将人置

身于自己的优势区发展，其缺陷自然就会被接纳，喜悦也就随之而来。从"得到觉悟"的生活状态到"得道觉行"的精神状态，需要经过当下的面对、幸福地行动、快乐地思维、喜悦的智慧这四个阶段。当一个人有喜悦生活的时候，心就会越来越平静；而持续的喜悦生活，是通往更高精神境界的基础。

得觉的第七层含义，"得觉"是生活的智慧、智慧的生活。得觉理论认为，简单是一种生活智慧，更是一种经历复杂之后返璞归真的彻悟。人生好比是一场修行，修的就是一颗心。人最大的智慧就在细微的生活里，而用觉悟的心去生活就是最好的修行。

三、得觉基础理论

得觉基础理论体系发展至今经历了三个阶段。第一阶段（1983—1998 年）：得觉基础理论的探索与萌芽期；第二阶段（1999—2008 年）：得觉基础理论的创立与实践期；第三阶段（2009—2018 年）：得觉基础理论的广泛应用与发展期。

如今，得觉基础理论经过 20 多年的实践与发展，已集成一套适合东方人思维的哲学体系和心理学方法，主要包括自我理论、墙角理论、恩怨理论和迷明理论。

自我理论，是得觉基础理论的核心，回答"我是谁"，明确"我和我的关系"。自我理论从研究一个人自己和自己的关系入手，把人的"自我"分为"自"和"我"两部分，并率先提出了"自我"对话模式，通过研读"自"和"我"的对话模式及其平衡关系，迅速解读人的心理状态，进而引导人达到自我内心的和谐。自我理论最大的妙处是把无意识的对话模式有意识化，主动掌握对话模式，主动修改不利的对话习惯，达到和谐自然的对话效果，以不纠结的心态应对变化无常的外部世界，从而进入喜悦状态。理论认为，当我们能够觉察自己以及他人的"自""我"互动模式时，就可以准确地找到每个人的"自""我"对话规律，清楚地知道这个人会怎么思考、怎么想，并明确其纠结点在哪里，会怎么纠结，从而找到和谐的开关，引导对方自省。自我和谐对话的开关一旦打开，内心就会轻松、平静、淡定并充满能量。

墙角理论，回答"我在哪里"，即人与外在的关系。墙角理论为人们提供了一个立体的视角，让人们能更清晰地了知自我、了知生命、了知自然。我们可以想象一个墙角，用与地平面平行的面代表生活，与地平面垂直的两个面，一面代表社会，另一面代表精神。这是一个立体的架构，用墙角的三个面来代表人生的三个体系：生活、社会和精神。在生活的体系里过日子，在社会的体系里追逐名利，在精神的体系里修心悟道。人在不同的体系里，会逐渐形成相应的能力，构建相应的价值观，形成相应的思维和行为习惯。用这三个体系作为立体视角，就可以看到我们自己和他人的三个相：生活相、社会相、精神相。我们的生命在人的世界和成长的路上，只能是"生活＋社会""生活＋精神""生活＋社会＋精神"这三种中的一种，确定了自己的目标，路径就会清晰，接下来要做的就是将时间和精力合理分配，并迈开双脚去行动。运用墙角理论规划人生，生命简单，生活自在，精神专注。

恩怨理论，回答"我和人、人和我的关系"。恩怨理论认为关系的背后是恩怨，恩怨与事情相关。如果人的"自我"是树干，"事情"是枝叶和果实，那么恩怨就是埋在泥土里的树根。恩怨是一直隐藏在内的动力源，而"事情"是外显的结果，"自我"是连通"事情"与"恩怨"的通道。恩怨是社会化的动力源，是"事"

和"情"的根基。"恩"类似于吸收的养分，因心而动，能量向外流，可以传承，心有需，行有力，与习性相关。"怨"则类似于储存的毒素，需要消解和外导。"怨"缚心疏解，能量向外，具有传导效应，心被束，行有念，与人的德性有关。如果我们理解树根对于大树的树枝和果实的重要性，就不难理解恩怨对一个人的重要性。一个人如果打通了恩怨环节，就会全身气血畅通，心灵豁达明朗，精神灵动智慧。恩怨理论认为，打通恩怨的人，身轻如燕，灵动自由；能调节恩怨的人，自我和谐；不生恩怨的人，自我平衡；无恩无怨的人，觉性显化。总之，恩怨是一种社会状态，在"自我"形成之前，只有情绪，没有恩怨。恩怨使人成为人，恩怨一旦消失，人就活在喜悦的状态里。恩怨是人们生活在人世间的定义和魔咒，一旦恩怨解除，烦恼就会解除。

迷明理论，回答"我走向哪里"。迷明理论认为"世人都觉自己明，但凡明者多是迷"。明人明情明事，天下几人能明道？明人者，善交人、用人、为人，以为懂人，却被人背弃。明情者，重情、讲情、谈情，处处以情滋养，却被情所伤。明事者，做事、理事、管事，世事难料，却为事所累。世人都怕自己迷，却在迷中更痴迷。迷人苦，苦找明路，谁肯甘心迷中寻？迷者，迷顿、迷路、迷心。迷顿者，纠结、糊涂、混沌、无我。迷路者，问路、探路、寻路、自扰。迷心者，疑心、丢魂、无舍、无神。迷人者，岂知明在迷中生？世人度此生，注重身，看重事，倚重情。迷明理论就是帮助人们解迷明：去人性，醒天性，现灵性。衣食住行，为人处事，起心动念，皆从立体维度滋养得觉生命之路。修身性，顺心性，养天性，方知空无有道，成就得觉精神之路。因此，世人如何辨迷明，只需谨记：迷，则行醒事；明，则择事而行。

四、得觉咨询的定义

得觉咨询是根据得觉基础理论建构的一套系统、立体、完整、统一的咨询原理和技术，是一种心学的咨询、生活的咨询、成长的咨询和生命规划的咨询。在得觉咨询里，有心理咨询的部分，也有生活、成长的咨询，但更多的是一种生命规划的咨询。

广义的得觉咨询，就是从生命成长的角度，寻找自然规律、社会规律、群体规律、人际规律，并引导来访者顺应个体规律，融入人际规律，遵循群体规律，尊重自然规律，顺道而行，成人成事。

狭义的得觉咨询，就是运用得觉自我理论，觉察一个人的自我对话模式，找到其内心的动力源，使其自觉行动，实现内心的和谐，达到内心的平衡，进而喜悦自在地生活。

得觉咨询背后的理论体系，植根于东方传统文化和生活智慧之中，与时代精神互动，是一种偏哲学的思维模式。得觉基础理论作为一种人生观，可以提升人的格局和境界，造就有责任感的社会精英；得觉基础理论作为一种认知体系，可以指导人，使人无论面对什么环境都能体验轻松愉悦的生活；得觉基础理论作为一种生命与健康理论，可以用体验的方式帮助人探索生命与健康的本质，实现强身健体、修身养性、修心养命的目标；得觉基础理论作为一种咨询方法，可以发掘当事人的潜能，运用来访者自身的力量，帮助其找寻动力和希望；得觉基础理论作为咨询技术的基础，对于解决感情与婚姻问题、提升工作效率、管理情绪、改善睡眠、开发内在潜能、处理危机、解除压力烦恼、提高学习效率、戒除不良习惯、改善身体机能等都有显著的效果。

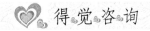

第二节　得觉咨询的核心理论

得觉是一个综合的理论体系，是心学，是在研究自我的命题上，以"自"和"我"的对话研究为核心，以观察"自"和"我"的互动关系为主线，以行为训练为提升技巧，从而达到自我和谐及自我平衡。自我理论是了知人与自然、人与社会关系的钥匙，是透视自我的开关，更是得觉咨询技术的基础。

一、自我理论的提出

在日常生活中，不知你有没有发现，我们每天的生活是由无数个对话组成的。我们大部分人都会有类似的经历：冬日的清晨，天还没亮，外面寒风凛冽，甚至还飘着雪花，你蜷缩在温暖的被窝里开始纠结：

一个声音说："外面好冷，再睡一会吧。"

另一个声音却说："快点起床，否则就迟到了！"

……　……

最终，你也许会从温暖的被窝里艰难地钻出来，也许会告诉自己还可以再睡五分钟，甚至你也许会抱着破罐子破摔的心态关掉闹钟和手机，任由自己彻底放纵一次……无论做何选择，你的最终行动一定是两个声音相互妥协的结果。

其实，无论何时何地，当你需要做出选择时，内心一定会有两个声音跳出来。甚至当你面对众多选择时，你会轻而易举排除掉最容易放弃的选项，最后在两个选项之间做出选择。而最终的选择，一定源自两个声音相互妥协。它们有时候会相差甚远，所以你能够轻易选择；但有时候，它们势均力敌，让你左右为难。

鲜有人会思考，这两个声音究竟来自哪里。因为整个过程自己早已习以为常，以至于我们完全会忽略掉它，不会去追根究底。但如果你真的去深刻思索，就会发现，这两个声音代表了截然不同的自己。是的，这两个声音都来自我们自己，但是它们却代表了同一个个体内心不同的立场。比如，早晨起床这件事，主张赖床的一方，关注的是当下更直接的感受——如果我继续留在被窝里，我的身体会很舒服，因为这里既柔软又温暖。而主张起床的一方，则关注的是泛社会化的后果——如果我能够从床上爬起来，就可以迅速穿衣吃饭，准时到达学校或者办公室，就不会遭受老师或上司的批评。

其实问题的根源，还是回归到那两个争执的声音上。它们就像两个任性的"小人"，各执一端，互不相让。无论你做出怎样的选择，都是这两个"小人"对话、博弈、妥协的结果。倘若把自己稍稍"割裂"一下，你就会惊讶地发现，这样两个主张不同的小人一直存在于我们的头脑里，它们都来自我们自己，但对待事情的反应、看法、思维的出发点却并不一致，甚至截然相反。它们时时刻刻都在对话、博弈。而对话和博弈的结果，呈现为每个个体不同的思维和行为模式。

得觉理论将这两个"小人"称为"自"和"我"，它们是我们内心对话的组成部分，并承担着截然不同的作用和价值。得觉自我理论把看到和感知到的两个"小人"用"自"和"我"确定下来，就如同在一个杂乱无序、经常拥堵的十字路口安装上一个红绿灯。一旦给杂乱的心安装了心灵的红绿灯（自—我心灯），我们就自然会通过关注、体会、接触慢慢了解到自我心灵运作的规律。

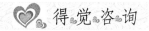

二、自我理论的"自"

"自"是与生俱来的、不需要后天学习且与自然连接的一种能量。人在刚出生的时候就能够感知冷暖，却不知道这些概念。同样人也能感受到轻松、温暖、愉悦、害怕、愤怒，以及他人的快乐和愤怒。这种与生俱来的能量就是"自"，它帮助我们更好地生存。因此"自动"是自带着能量以情的形式显化或表达给他人，这种动会随自然环境而动，随人的影响而动，所以我们的情绪会时好时坏，我们的感觉也经常变化。"自"追求生物的本能，享受快乐、安全，没有概念，没有规矩，只求舒适。为了更加舒适，"自"会生出各种念头，如"舒服""烦""危险"等。因为是生物的本能，"自"可以从自然界收到很多信息。

"自"在我们出生的时候一直陪伴着我们，是一个享受着、体验着、感受着的自我。"自"是内心的交流、和自己的对话。一个人所有的感受和体验的装置，都放在"自"里。人的"自"，有一个成长的过程，我们从对味觉的感受来理解一下"自"的成长过程。例如，一个小时候不会吃辣的人，慢慢喜欢吃辣，这是一个逐步的适应、习惯和成长的过程。

"自"是我们自发产生的内心能量，是"我"的发动机。"自"的功率是可以发展、补充和升级的，伴随着"自"的成长，功率就会逐步增加，产生的能量也会增加。得觉中的"自"是一种自然状态中的存在，当一个人放下了作为面具的"我"，或者远离人群回归自然的时候，"自"就会被感知到。

"自"是灵性的开关，是通向"觉"的通道，也是"我"和"觉"之间的通道，通过感受来不断地成长。"自"的存在特点是顺应、变化、自由、自在，"自"的思维方式是顿悟、感悟、灵动，而非逻辑推理。

"自"的活动形式主要是感受，即情感体验。这种体验有时是一种无意识层面的、懵懂的身心感受，有时可以上升到意识层面被语言所表达。前者是"自"的原始活动形式，后者是"自"在更高层次的发展，而后者在意识层面的表达就是汉语里面的"念"。"自"跟"情"有关系，跟"绪"有关系，它收到的是感受，要么是"情"，要么是"绪"。

三、自我理论的"我"

"我"实际上就是在人际关系与社会关系中，我们经常说到的那个"我"。例如，"我来自北京""我是一位律师""我是老师""我是爸爸"，等等。"我"就是"自"在社会关系中的存在形式，在别人眼里，就是"你"。

"我"是标签、面具和社会角色。一个人的标签在出生时就被家人贴上，如"王某某""李某某"，自己起初并不知道，当自己认同这个名字时，面具就产生了。面具的产生，是从幼小的时候被家人、老师、伙伴以及陌生人一次一次地确认与认同，并一次一次地被自己感受并确认而形成的。一旦形成一种自我确认的面具后，我们就会戴着这个面具去扮演我们认为该扮演的角色，并享受其过程。如果这样的角色不断地被大家认同，在社会里，在人群中，在自己的心里，就形成一个"角色—面具—标签"或"标签—面具—角色"的模式。于是我们会习惯于用这样模式里的标签、角色、面具来生活，久而久之，它会成为被自己完全忽略的习惯。"我"就是这么逐步形成并发挥着不可思议的作用，从小到大，我们成长的经历、所学的知识，以及形成的价值观、世界观、人生观，让我们程序化地成为现在的"我"。

"我"在扮演角色的时候，会产生责任和压力。如果能顺利完成，那就是"我"能够承受和面对的格局与空间以及"我"的能力强；如果不能面对，就会感觉到累、无助，"我"的能力就弱。"我"很容易受到社会的影响，就像远古的戏与现代的戏，所用的面具有一个不断发展和更新的过程。"我"会产生从众的需求，受社会、时代和环境的影响。

四、"自""我"不同的表达方式

（一）"自"的表达方式

"自"的表达方式是"念"。"念"是"自"产生的，是"自"说给"我"的话，是"自"的描述方式、表达方式、交流方式和显化方式。"念"是"自"的表达，其附着的能量可以越聚越多，也可以越来越少。

"念"是一个自动的系统，它的产生过程，就是曾经体验和感受过的直接反应。"念"是一个自我保护的装置，它以保护"我"的安全为宗旨，在安全的基础上确保"我"的快乐。"以快乐为服务目的"，就是我们平常所说的"趋乐避害""追求快乐，逃离痛苦"。因此"安全"和"快乐"是"自"的基准线，也是它的基本职能。

"念"有个体差异，而这个差异，得觉认为是后天形成的。初生的婴儿，所生的"念"是一样的，由于成长的环境、刺激、健康以及教育不同，逐步形成多样化"念"的形式和习惯。而得觉研究"念"核心的工作方式，就是"自""我"提问。从"念"这个字上就可以看出来，"念"是心对人的提问，也是人对心的提问（如图1-2）。

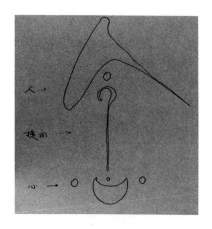

图1-2　念的空心字

"念"的起伏过程中伴随着"情"，"念"的开端是以"情"为标志的，如果"念"进一步启动了"我"里的程序，就产生"绪"，"念"就会在"情绪"里循环。如果循环的内容是负面的，我们体验的就是悲伤和不快乐；如果进入的程序是正向的、积极的、阳光的，我们所体验到的就是快乐和喜悦。

升级"念"或修改"念"，一是靠行动，二是靠不断重复，即不断重复确认的自我对话。不断重复对话是升级"念"或修改"念"的一个途径，相当于电脑杀毒；而行动产生的"念"，类似于电脑的程序重新组装。

如果"念"的能量（感觉）被"我"收到，"我"就会有力量，如果"我"收到这种力量并去完成"念"的内容，这样的力量就叫"念力"；如果只想不做，这叫"念想"。"我"的行为叫"精进力"，这样的"念"叫"正性念"。"正性念"给人的是快乐和喜悦的体验，"负性念"则给人带来悲伤和不快乐的体验。"念"用"情"的起伏来表达它的内容，释放和储藏、提升它的能量都与"情"有关系。

从字形结构来看，"念"是心在当下的体验；从语言学的角度来看，"念"往往用来表达一种内在的想法或者意识，如意念、信念、悼念。"念"的本意为惦记，常常想，惦念，思念。我们讲的

"念"是从内心的深处升起的，实际上就是从身心的情感体验升华而来的。"念"的内容不需要逻辑，当这种"念"被"我"毫无怀疑地确认，变成行为并不断重复，就成为习惯，习惯继续被确认就成为"信念"。

（二）"我"的表达方式

"我"的表达方式是"信"。"信"从字形来看，就是"人、言"，意思是人说的话，"信"是人对外沟通交流的主要方式之一。"信"是"我"的表达方式，"我"是角色、是面具、是标签。在日常生活中，"我"会经常戴上面具、贴上标签、扮演好当下的角色，说当下角色该说的话、说场面话、说对方想听的话，这时的话有真亦有假。因此，我们常常能听到周围人说，"我"说谎，你说谎，他说谎，却很少能听到"自"说谎。

人与人的沟通交流，实际上是信息的交换。当一个人完全融入一件事中，用"我"表达出来，被他人看到、感受到、听到的就称为"信"。"信"是对方传来的话，收到的感受为"息"，组合起来叫"信息"。

"信"与"念"的关系以及信息的传递如图1-3所示。

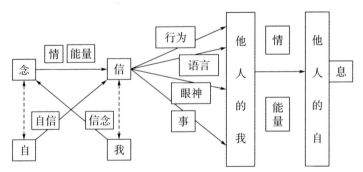

图1-3　"信"与"念"的关系以及信息的传递

"自"相信"我"，"我"相信"自"，组合起来就是"信念"，

"信念"是一个人强大的精神动力。我们可以从得觉自我理论来深入理解信念。"信"为"人、言","念"为"今、心"。"念"是"自"的表达方式,"自"每天会生出许多"念",当"念"朝向一个方向,为了一个目标,不断地重复强化,不受周围人的影响,自己坚信不疑的时候,就成为"信念"。"信念"是"自"与"我"的交流,是内心深处的愿望,是一种心理动能。"信念"没有理由、没有根据,自动自发、深信不疑,并能够激发人的潜能。坚定的"信念",需要有明确目标的自我认知,有细化的实施方案,有不断想象的成功画面,有遇到挫折时相信自己会成功的念力!人世间的奇迹大都是梦想成真的结果。拥有坚定的"信念",你也可以创造奇迹!得觉自我理论认为,"信念"是"自"对"我"的表现满意,一次一次被确认,"自"就越来越信"我"的过程。得觉的"信念"造福人类,把喜悦的智慧传遍世界。

五、认识"自我"的秘密

得觉自我理论就像一粒种子,从得觉体系中发现、显化、破土,将复杂的人、人与人的关系简单化、明确化、清晰化。学习它、运用它,你就会获得全新的成长体验。它能帮助人们找到自己潜藏的、成长发展所需的动力源。

得觉自我理论最核心的部分是修炼人的自我对话。自我对话不分种族、肤色、语种,不受国界影响,只要是人,就会存在,只是运用方式上有所差异。若对话模式以"我"为主,比较接近西方人的思维,倾向理性,也就是说理性的人对话多以"我"为主。若对话模式以"自"为主,比较接近东方人的思维,倾向感性,也就是说感性的人,以"自"对话为主模式。

"自"和"我"的概念以及自我对话的模式详见图1-4。

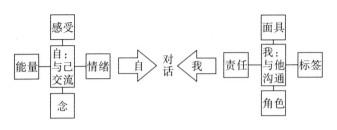

图1-4 "自"和"我"的概念以及自我对话的模式

得觉自我理论认为,"自"为阴,"我"为阳,"我"是一种阳的显化,是人的社会属性。"自"是一种阴的存在,是人的自然属性。"自我"是个能量体,显化在人的躯体上,当自我的能量耗尽,躯体就会死亡。"自我"还是个变化源,它是可以变化、转换和消失的。它既可通过"自我"的修炼提升,也会因为"自我"的互动而衰减。它是自然界能量在灵性动物体里存在的方式,受自然季节变化的影响。"自我"最大的能量增量在于抓住它的阳动,因为阳是它真实的外显状态,这种状态才会让"自我"的能量越来越强。所以,"自我"是一种初始能量的耗尽过程和再补充能量的增量过程的复合体。如果我们能够合理地掌握自我、运用自我,能量就会越来越强。当能量增长到一定程度时就会转换成另一种存在状态,能量耗尽时的转换过程就是死亡。

"自我"是人在情感体验和思想意识、感性与理性之间不断寻找平衡的过程。"自我"是一种自然存在状态,是在社会中能够觉知并显化的一种存在方式,也是一种体验方式,还是一种表达方式和互动方式。"自"与"我"的交流就叫"信念","我"与"自"的交流就叫信心。"自"与"我"对话就会有念想出来,"我"与"自"互动就会产生念想。"自"会选择最好的方式让"我"随遇而安，"自"会让"我"的思想、感觉、行动与外界合拍，完全自然，没有痕迹。因此，让"我"相信"自"，觉知"自"，感觉"自"，运用"自"，并提升"自"，来感受来自"自"的博大能量。此时，人的"自"和"我"就会达到和谐及平衡。

得觉自我理论源自对中国本土语言的研究，把自我分成"自"和"我"是符合中国文化、生活的一种心理结构模式，适合中国人的思维结构和思维方式。不同的思维结构会造成不同的语言习惯，反过来从语言习惯也可以深入探查思维结构，因为思维绝大多数依靠语言得以实现，思维的模式也是通过语言的逻辑得以揭示。得觉通过研究"自"与"我"的对话模式，以及通过有效的方式引导和谐的自我对话，达到心理调适与和谐健康的目标。

第三节　得觉咨询的生命视角

得觉咨询的自我理论和墙角理论等基础理论，给我们提供了一个非常独特的生命视角，让我们在汲取中国优秀传统文化和生活智慧时，能够从探索人与自己的关系、人与社会的关系、人与自然的关系三个维度出发，逐步建立起得觉独有的思维体系和生命观念。学习并践行这个思维体系，不仅可以培养整体生活观，还可以让我们与来访者的生命层次和生命质量得到升华。

一、得觉自我与系统关系图

21世纪人类面临着一项共同的挑战和冲突，即人与自然、人与人、人与自我的冲突，以及由此引发的生态危机、人文危机和精神危机。现在越来越多的学者把视角投向博大深邃的中国文化和人生智慧，认为发掘中国文化和人生智慧的瑰宝，寻求可资借鉴的精神资源，对于解决人类面临的冲突和危机十分有益。得觉早在 20 世纪 80 年代，就开始了这方面的理论研究和实践探索。

图 1-5 是得觉自我与系统关系图，内涵十分丰富，形象地为我们展示了人与自我、人与家庭系统、人与社会系统、人与自然系统的关系。让我们直观地感受到，个体生命的成长、发展，是与家庭、社会和自然系统休戚相关、紧密相连的。

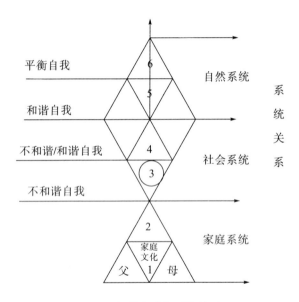

图 1-5　得觉自我与系统关系图

从整体上看，三个"大三角形"从上到下分别代表自然系统、社会系统和家庭系统，呈现的是得觉的精神相、社会相和生活相。家庭系统在最下端，说明家庭系统是所有系统的子系统。家是人休养生息、补充能量的地方，这也非常符合中国人对"家"的浓厚情结。人一出生便被包围在层层的家庭关系和社会关系中，受家庭文化和社会文化的影响，"我"的各种程序逐渐被组装起来。

从传统文化角度看，三个"大三角形"分别代表中国传统文化中的天、人、地。《庄子·达生》曰："天地者，万物之父母也。"《易经》中强调三才之道，主张天、地、人合一，人在中间，说明人的地位重要。在自然界中，天、地、人三者是相应的。一个人从出生开始，原本就与天地万物紧密相连，也跟花草树木一样，我们自出生就自动配备了这一生所需要的能量。只是我们走着走着就把自己给弄丢了，疲于应付各种人际关系，忽略了与宇宙自然的关系。得觉发现，人所有的关系都是"自"和"我"关系的投射，人所有的关系都可以简化为人的心与宇宙的关系。我心即宇宙，宇宙即我心，修心不仅明心见性，还可以养身、养性、养命，从自我觉悟开始不断提高生命的层次和质量。

如果看图1-5中小的三角形，共有6层、12个小三角形。用自我理论可以形象地诠释一个人自我的发生、发展的全过程。

第1层代表父母孕育婴儿的过程。三个小三角形，分别代表父母和在妈妈肚子里的孩子。这个时候婴儿的头是朝下的，小三角形一个角也是向下的。随着受精卵发育成胎儿，胎儿的感受就与妈妈的感受紧密相连，"自"在一起。现代心理学是研究人的行为和活动规律的科学，通常是从人出生以后开始研究的。得觉是生命科学，是从生命源头开始研究的，也就是从受精卵开始研究的。这更符合中国人的文化观念，中国人在报年龄的时候常常说的是虚岁（从受精卵开始算），而西方人通常只报实际年龄（从出生开始算）。

第2层的小三角形代表一个新生命的诞生。人刚出生的时候，只有"自"没有"我"，"我"是父母在原生家庭中用家庭文化组建起来的一套程序，并逐渐得到"自"的确认，最终形成这个人的"自我对话"模式。这个时候，新的生命能量最足，模仿（学习）

能力最强。他开始慢慢有了自己的语言、思维和习惯，建立了"我是谁"的概念。这个时期，虽然他是独立的生命个体，但还不能独立生活，他需要原生家庭的保护，需要父母的关爱。这个时期，他与父母的关系就是他日后人际关系的模板。

第3层的小三角形代表独立生活的开始。从原生家庭里成长起来的自我的雏形，开始从家庭系统进入社会系统。从年龄阶段看，这时应该正处于青春期，也是精神独立期，心理学把这个时期叫作"自我同一性"，得觉把这个时期称为"新生自我"。这个时候，他会发现从原生家庭里组装起来的"自我"这套系统，有很多不能适应社会的地方，需要"自"不断适应和"我"的升级改造。自我都在变化中，便开始有了"自"和"我"的冲突以及不和谐。此时人的"自"能量流失，"自"是一个朝下的小三角形。如果原生家庭关系比较和谐健康，"自"的能量就会继续在原生家庭中得到补充。

第4层中间的小三角形代表人已经逐渐适应了社会系统。为了生存和适应，这一层的"我"是一个向上的三角形，旁边两个朝下的三角形分别代表人与社会的关系和与他人的关系。这个时候"自"更多地隐藏起来，"我"的能量变大，"我"在寻求更多的社会定位和角色。由于此时社会相的目标比较明确，"自"和"我"的冲突会降低，一部分"自我"就稳定下来了，"我"的小三角形就正立了。此时"我"还会受到周围环境和人际关系的影响，"自我"就会一直处在不和谐自我与和谐自我共存的阶段。

第5层左右两边的小三角形代表人的自我已经基本定型。经过原生家庭和社会多方面的历练，人开始修改和完善从家庭系统组建起来的"自我"系统，逐渐升级并确信改造后的"自我"，这时"我"的角色、能力、价值观和习惯已经比较稳定，周围人对"我"

的认同逐渐增加，这时人处在自我和谐状态。因为在自我成长过程中，过度消耗了"自"的部分，这时"自"又开始探索补充能量的来源，寻找精神追求和精神寄托。这时中间的小三角形朝下，能量流失，说明"我"还在受从社会系统中组建"自我"系统的影响，还在寻找平衡。在这一层"自"更多的是内寻精神寄托及重新和自然连接。

第6层代表自我已经完成了和谐统一。这时"自"相信"我"，"我"相信"自"。"自"与宇宙自然相连接，是一个独立的小三角形，人不再受家庭和社会系统的影响，形成了自己独有的内在"自我对话"系统。自我在心这个舞台上达到和谐统一。"我"已经从最初的"小小我"变成了"大我""真我"，甚至"无我"。此时，"我"已经与宇宙融为一体。我心即宇宙，宇宙即我心。此刻的人已经达到得道觉行的境界，幸福安康，和谐喜悦。

二、得觉自我与家庭关系图

在中国，人们认为父母跟子女血肉相连、生死相依。而在西方，人们认为父母和子女都只是上帝创造的独立的个体。这就是两种完全不同的生命观。

图1-6为得觉自我与家庭关系图，从小系统向大系统看，形象地为我们展示了"我"与原生家庭的关系，包括我与父母及其各自家族的关系，以及家庭系统是如何受到更大的社会系统和自然系统的影响，更多呈现的是人与人的关系。从大系统和各个子系统的关系看，人天生就与宇宙自然相连，进一步验证了人天生就是独立的"能量体"。

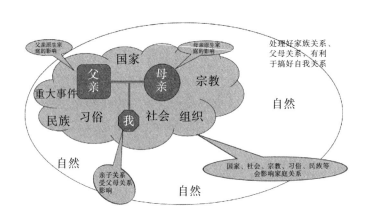

图 1-6　得觉自我与家庭关系图

从得觉自我与家庭关系图中，我们可以清楚地看到，亲子关系不仅仅指父母与孩子的关系。从生命系统来看，亲子关系至少包括三种关系：一是父母和孩子之间的亲子关系，二是父亲与母亲之间的夫妻关系，三是父母与各自原生家庭父母之间的关系。所以在得觉咨询中，如果一个孩子出现成长问题或心理问题，我们首先要看这个孩子与父母的关系，再看孩子父母之间的关系，进而看孩子父母与各自原生家庭之间的关系。这些关系都是孩子"我"组装起来时的重要的外部环境，也是孩子"自我"成长中的重要支持系统。

从图中我们还可以感受到人不是孤零零地生存在世上的，而是和他人、自然一起生存在世上的。我们还可以觉察到原生家庭对"我"的影响，意识到一个人所在的民族、习俗、宗教、文化、组织、社会和国家，以及每天随机发生的重大事件，都会对这个人的父母、家庭系统和这个人的"自我对话"产生巨大的影响。现实社会中，"我"就这样被家庭关系和层层的社会关系包裹着，这些复杂多变的社会关系不仅应和着人内心丰富的情感，也消耗着人与生俱来的能量（"自"），让我们无暇顾及并调整好与自然和宇宙的连接。

从地球与宇宙的关系来看，人是自然界的一部分。人是自然界中的高级生物，是自然长期进化的结果，因此人体的生命活动始终遵循自然规律，且始终同自然之间保持着物质、能量和信息的交流。我们每天都会与自然有各种接触，自然也在处理人和自然的关系，只是我们在与自然接触的过程中，并没有真正用心去体会，用"自"和本心与自然相连接。

我们是否愿意花费一定的时间去和自然对话，用天地之间的力量开阔我们的胸怀，让我们的心态更加平和，让我们在伟大的自然面前不至于过分执着纠结于人与人之间的那些小事？

从人的生命成长根基来看，在家庭系统中，婴儿最初总是在本能地模仿父母，习得自己生存下来的本领。慢慢地，孩子在家庭系统中组建了"我"，并在认知和行为上形成他的"自我"对话模式。父母的思维模式、生活习惯以及价值观等，也一并组装进了孩子的"我"。

父母小气，孩子也会跟着小气。父母乐观开朗，孩子一般也乐观开朗。父母价值观传统，孩子的价值观一般也传统。父母是"原件"，孩子是"复印件"，孩子从父母身上学到他的第一笔人生经验。由此我们发现，一个人想在独立生活之前就完全摆脱原生家庭的影响，可能性不大。除非他很小就能心智成熟并构建出自己的一套价值评判体系，会分辨父母行为的功过是非，但这几乎不可能。

从生命成长和生命咨询角度看，一个人从什么时候开始才能逐渐摆脱原生家庭的影响呢？心理学研究表明，大概从青春期，人的第二次独立（精神独立）开始。确切地说，人从第一次身体的独立，就开始有了"我"的概念，但"我"还不够丰富，还不能开启独立生活。

当小孩子从家庭系统进入社会系统，开始上幼儿园、小学、中学、高中等，就在原生家庭模仿（学习）的基础上，增加了向外模仿（学习）的契机，向外模仿（学习）会帮助其逐步构建起自己独立的价值评判体系。从原生家庭里习得的价值标准、组装的各种程序，是人整个价值评判体系里的支柱。但是，随着年龄的增长、社会阅历和学识的累积以及多种价值标准的加入，原生家庭里一些错误或者低级的价值标准慢慢会被我们抛弃，得觉称之为"我"的升级。但这个时候，如果我们没有觉察，我们的"自"就可能继续保持原生家庭生活的状态，很难适应社会生活。所以，得觉强调从原生家庭系统进入社会系统，我们一定要自我觉察，自我成长，最终我们才可以摆脱原生家庭的束缚，重塑自我。

三、自我对社会关系影响图

从得觉自我理论可以看出，一个人从小在家庭中习得的自我对话的模式，如果不进行升级改造，一定会影响到他成人以后的整个社会关系。人的自我对话模式，有些是积极正面的，有些是消极负面的，需要我们不断觉察、辨别，并进一步学习、觉悟、成长、突破，新生"自我"，直到达到自我和谐及平衡。

图1-7从四个维度为我们展示了人在与上级、下属、合作伙伴、同事四种关系中受到家庭关系的影响。

图1-7显示：一个成年人在与上级的交往和互动中，常常会不自觉地把自己跟父母的关系投射进来，在工作中也会本能地（"自"发地）采用与家庭模式相同的体验应对组织，进而不自觉地把上级当作父母依赖或对抗。

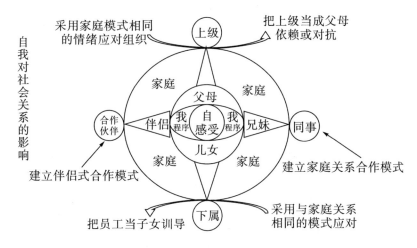

图 1-7 自我对社会关系影响图

同样，这个成年人在与下属的关系中，也会不自觉地把自己跟孩子的关系投射进来，采用与家庭关系相同的模式来本能地应对，经常会把员工当作子女一样关爱和训导。

而在与合作伙伴的关系中，会把自己与伴侣的关系投射进来，建立起伴侣式的合作关系。在与同事的关系中，会把与兄弟姐妹之间的关系投射进来，进而建立起家庭兄弟姐妹式的合作关系。

目前，高校学生宿舍人际关系和企业新入职员工的同事关系常出现问题，这便与独生子女家庭结构有一定的关系。

四、得觉影响关系的三大原因图

图 1-8 是得觉影响关系的三大原因图，形象地总结并归纳出影响人际关系的三大原因：一是在生活相里，追求的是"自"的满足，体现的是"自"与"自"的接纳；二是在社会相里，追求的是"我"的满足，体现的是"我"与"我"的融入；三是在精神相里，追求的是"觉"的满足，体现的是"自我"的整体提升。

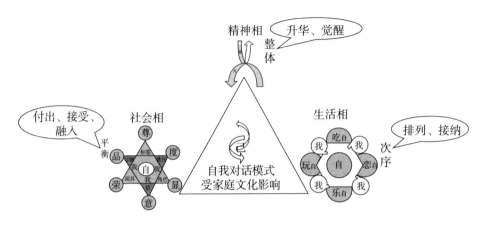

图 1-8　得觉影响关系的三大原因图

得觉墙角理论告诉我们，一个人的自我有三个相：生活相、社会相、精神相。生活是第一需要，每个人的生命旅途中只能是"生活＋社会""生活＋精神""生活＋社会＋精神"这三种中的一种。

得觉生活相就是帮助我们认清自己的生活状态应该放在哪里，得觉社会相就是帮助我们认清自己的社会状态应该放在哪里，得觉精神相就是帮助我们认清自己的精神应该放在哪里。

得觉墙角理论为我们搭建了一个三维立体的生命坐标系。这个坐标系不仅可以培养人的系统生命观，还可以训练人关于立体人生的思维方式、习惯模式以及感受和体验。当我们习惯用得觉基础理论的视角来思考问题、规划生命的时候，我们就有了得觉思维，我们就会很轻易地觉察到自己的生命处在哪个相中。

在所有人际关系中，生活是大家的第一需要，因此在生活相里是最容易处理好关系的，只需在吃、喝、玩、恋次序上排列好，彼此接纳就行了。这个层面的人际关系是"自"与"自"的关系，是情的关系。

在社会相里，人际关系是最复杂的。处理好人际关系，只需遵循平衡就好，即"我"的付出，对方能接受。彼此的"我"能互相融入就可以，融入的部分是彼此接纳的部分，也是共性的部分，是建立关系的基础。这个层面的人际关系是"我"与"我"的关系，是事的关系。

在精神相里，人际关系体现的是是否有共同的精神追求，彼此的自我是否能够升华和觉醒，进而彼此互相欣赏。这个层面的人际关系是自我与自我的关系，是人的关系。

现实生活中我们会发现，大部分人和人的关系是在事的层面，还有一部分人和人的关系是在情的层面，这就是得觉所讲的"我"和"自"的关系。但真正的人和人的交往，一定是生命层面的碰撞，是人生观而非价值观的碰撞。价值观的碰撞，表示是一伙人，生命观的碰撞和人生观的碰撞才是一类人。

图中三角形里有一个"己"字。汉字中"己"就是"自己"的意思，在得觉理论体系中"己"有很丰富的内涵。一个最简单的内涵为："己"是天干的第六位，中宫也，代表人的五脏六腑，也就是肚子。

"己"从字形上看，可以解读为上下两个部分重叠的"小钩钩"。箭头向上的那个"钩"代表"我"，代表人内心的精神追求，与宇宙自然相连；箭头向下的那个"钩"代表"自"，代表人内心的躯体满足，与本能需要有关。

"己"是"心"与天地自然相连的"通道"（自己），也是人际交往中最通心的"桥梁"（知己）。当一个人的精神追求与躯体追求相统一，"自""我"和谐时，"己"的"小钩钩"就自然地与宇宙相连，也就是天人合一，人就可以接收宇宙自然的正能量。否则，人的自我就会纠结，"己"的"小钩钩"就始终会与人、事、物相

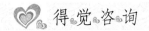

连，人会疲于应付各种"人事"，直到生命的终结。

现实生活中，我们常说，正人先正己。在得觉理论看来，一个人要想达到精神与躯体追求相统一，就需要先遵从本心，向"内求"，修炼"自我对话"，实现自我平衡，而不是一直跟随"我"的"执"和"迷"，一直向"外求"，把"己"那个小钩钩一直挂在别人身上。我们的"心"应坚持正心正念、正己正人。

第四节　得觉咨询的特点

得觉咨询从创立之日起，就以提升民众心理素养、带给人类美好生活为己任。得觉咨询最重要的技术就是通过自我对话找到自己和谐的开关，自我对话和谐的开关一旦打开，内心就会走向平静并充满能量。

一、得觉咨询——生活化

生活是什么？没有标准答案。若要说有标准答案，那就是一题多解、五花八门、丰富多彩。哲学家说，生活是存在与过程；艺术家说，生活是乐曲，是诗歌；乐观者说，生活是阳光，是浪漫；悲观者说，生活是压力，是苦难。

得觉理论认为生活其实很简单，简单到可以用三个字来概括，就是"过日子"。无论你是自己单过，还是跟别人一起过，都不要紧，只要学会运用得觉基础理论，了知自己，了知生命，了知生活的真谛，我们就可以跟随本心，喜悦自在，幸福安康地生活。

一个人如果不能够全面科学地认识自我、接纳自我，就会影响身心健康，甚至因此产生心理疾病。不论是在中国还是在西方国家，在心理咨询和治疗的过程中，咨询师和治疗师常常习惯于用心理学理论去工作，而不是用以人为本的方式去工作。若一直在来访者的心理缺陷或者伤痛等消极的模式中寻找解决问题的方法，双方都会比较痛苦。这种从问题中找问题的模式，导致很多的心理咨询脱离了人性，脱离了生活，脱离了个体差异。

现实生活中，每个人的内心都有不同的对话模式，自己的每一个对话都是以自己习惯的声音在内心进行交流的。人最大的内耗就是由日常生活中两个声音不和谐、纠结、难分高下而造成的。

得觉咨询抛开人的性别、年龄、种族、国界等外在形式的差异，抛开人不愿触及的、已经过去的伤痛和经历，从人当下内在的本质、本来状态入手，研究人人都具备且所独有的状态，探究人在日常生活中的自我对话、自我关系和自我互动模式，并适时适度地加以引导。因此，得觉咨询是"以人为本"的咨询，也是生活化的咨询。

得觉咨询生活化，主要体现在咨询可以随时随地，因人而异，没有定法，灵活灵动，尊重个体差异，以达到处处得觉、时时得觉，进而喜悦生活的目标。得觉咨询承认并尊重来访者在生活中的主体地位，通过与来访者的有效沟通与交流，创设让来访者情绪放松的情境，突破传统咨询的理论框架和形态，扎根于生活土壤，建构生活化的咨询内容，使咨询的过程更贴近生活，更有利于来访者接受建议并愿意付诸行动。

得觉咨询讲"三顺"，即顺事、顺时、顺变。顺事就要遵循"律"，顺时就要遵循"序"，顺变就要遵循"续"。咨询师要牢记：得自然，觉自然，得觉本自然。受心满，道无居。心不受外，专注当下，气定神闲，方能助人自助。

在得觉咨询中，咨询师更善于贴近和关注来访者的个体生命和现实生活，通过了解来访者的自我对话，使其进入最自然、最放松的状态。因为在这种状态下，交流更容易入心，病痛也最容易痊愈。

得觉墙角理论认为，人的生活相是最接地气的，也是最丰富多彩的，人的精神相和社会相都会在生活相里投射出来，反之亦然。比如，人有什么生活方式就有什么样的生活圈子，进而就有什么样的社会层次，以及有什么样的人生追求。得觉是简单的智慧，得觉咨询就是帮助来访者先从最简单的日常生活做起，先把日子过好。

二、得觉咨询——扩大格局

"器"有器具之意。因为器具都能容纳物品，所以"器"也引申为才华，如"庙堂之器""国之重器"，意思就是有治理国事的才能。现在，"器"也常表示人体中的器官。

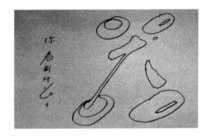

图1-9　器

我们每个人如"器"，如图1-9所示，既有"大器"的部分，也有"小气"的部分。"大器"的部分是你的习惯区，"小气"的部分是你的不舒服区。你的习惯区与舒适区决定了你的格局。

关于格局，在现代汉语中，"格"是指对认知范围内事物认知的程度，格要精、要细。"局"是指认知范围内所做的事情以及事情的结果，局要大、要广。不同的人，"器"的大小不一样，心胸不一样，对事物的认知、理解和接纳范围不一样，格局也就不一样。

得觉理论认为，器局决定格局，格局决定布局，布局决定人生的结局。格局就相当于房子的开间一样，格局大（大器），这个房子的开间就很大；格局小（小气），这个房子的开间就很小。有很多人觉得自己很有本领，但却施展不出来，处处受局限，这实际就是格局太小的缘故，"器"局为其所限。人们常说，大格局决定着事情发展的方向，掌控了大格局，也就掌控了局势。

图1-10　"大器"与"小气"

所谓大格局，即以大胸怀、大视角切入人生，力求站得更高、看得更远、做得更大（如图1-10）。

自古以来，凡谋大事者，必先布大局，对于人生这盘棋来说，我们首先要学习的，不是技巧，而是布局。要布好局，就要先找准人生定位。不同的定位决定了人生不同的高度，而人生在不断拔高成长的过程中又推动格局的不断扩大。

得觉理论把人的生命分成六个层次。

第一层次：小小我——关心自己。看点只在自己身上，忽略身边人的感受，情绪波动很大，很容易为了利益和得到他人认可被催眠。

第二层次：小我——关心家人。在乎家庭，做事的出发点和目的都是为了家。总是从家的角度去看待和评判任何事情，不在乎自己。

第三个层次：自我——关心集体。把自己放在团队里，在乎团队的得失、成败，在乎自己在团队中的位置和角色。

第四个层次：我们——关心国家。更多地关心国家的事，喜欢政治，能为国家荣誉、国家进步、国家强盛付出自己的努力并从中

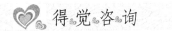

获得快乐。

第五个层次：大我——关心人类。关注人类，关注民族，关注人类发展，关注民族进步，喜欢做公益。

第六个层次：真我——关心自然。关注自然，关注生态，关注地球，关注人类的生态生活，喜欢做环保，不喜欢政治，可能是隐士，和自然界独处。

在得觉咨询中，咨询师首先要判断来访者处于哪个层次，他是否有觉察并愿意提升自己的生命层次。判断一个人的生命层次，除了看上述六个层次所说的特征外，还要看他聊天的内容涉及哪方面，经常用"我"还是用"我们"等关键词，更要看对方在哪个点容易产生情绪。产生情绪的点，多半是能量集中的点，也是来访者需要成长或放大格局的点。人的格局变大，人生的方向感便会增强，信心则更坚定，人生的舞台就会宽广无限。

实践证明，格局小的人器量小，很难包容别人，自己也会经常恼气。因为能量太弱，所以需要向别人索取。格局小的人容易感受到"局限"，自己跟自己斗气，自己消耗自己的能量。一个人生命层次的提升，生命格局的打开，就是要从小我蜕变成大我，最后到达真我。大自然无限辽阔，有大使命的人，能够穿越沧桑，不被小事困扰，勇往直前。

从以上得觉理论对生命层次的认识，可以看到得觉人的大格局，定位在第六个层次，关注人与自然生态的和谐，造福全人类。

三、得觉咨询——三大取向

（一）人群取向

事实证明，每个人都会有心理波动的情况，而多数人会在比较短的时间内解决问题，这些心理正常、健康的人群占总数的 80％，而那些不能短时间解决问题，真正形成心理障碍和心理疾病的人群大约占总数的 20％。

得觉咨询将目光主要锁定在 80％的心理正常、健康的群体或者是存在较小心理问题的亚健康人群，重点解决正常人在人生的各个阶段都要面对的问题，如婚姻、家庭、择业、亲子关系、子女教育、人际关系、学习、恋爱、性心理、自我发展、焦虑、抑郁、压力应对等问题。

得觉理论认为，社会是一个整体，人与人之间的关系都处在一个或几个不同系统里，都在一定程度上影响着彼此的思想和生活。把这 80％正常健康人群的心理素质和生命状态提升了，剩余 20％的问题人群的生命状态也会自然提升。

（二）动力源取向

得觉理论认为，心理咨询不应只关注当事人心理问题的修补，更应多关注当事人当下的心理状态和生命状态，找寻其具有的积极心理品质，从而激发其内在潜能。得觉咨询更注重人性的优点，而不是弱点。因此，得觉咨询是在承认问题存在的前提下，积极主动地引领来访者找到自身的独特之处，扬优纳缺，不触及伤痛问题，发现能真正带领来访者前进的动力源，在正向引导下使来访者从面对当下问题开始，在处理好情绪的基础上，真正给人以成长的力量，重新进行生命规划。得觉咨询如图 1-11 所示。

建立在寻找动力源基础上的心理咨询，受到来访者的"阻抗"最小，痛苦最容易化解，创造力也最为活跃，咨询师可以以最少的干预取得最佳的咨询效果，这是生命品质提升的正向过程。

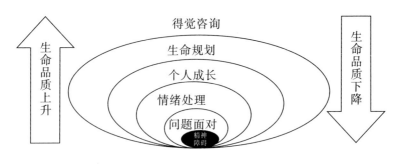

图 1-11　得觉咨询

（三）目标取向

得觉咨询的目标在于：使人进入最自然、最放松的状态，顺应生命品质提升这一自然规律，完成生命的规划。

生命规划，不同于我们经常听到的学业规划或职业规划。生命规划是立体的、多维度的，它包括我们的事业、家庭、情感、健康、财富、子女、慈善和未来等，其意义更在于如何提高人的生命品质和生活质量。

有人说：没规划的人生叫拼图，有规划的人生叫蓝图；没目标的人生叫流浪，有目标的人生叫航行。生命规划就是要帮助来访者找到自己独有的优势，明确自己要做什么样的人，过什么样的生活，以后该走什么样的道路。

顺应自然规律，是得觉理论一直倡导的生命提升过程。这与中国文化中的"顺应天地、自然之道"的思想不谋而合，而且这样的咨询过程对于咨询师和来访者双方都是快乐的成长过程，这样的过程是需要时间慢慢沉淀的。生命也有花期，有时候我们等的不是事情，不是机会，也不是谁，而是花期、是时间。

四、得觉咨询——思维升级

生活中，总是会有这样的一些怪圈：我们越是着急，越是焦虑着想把事情做好，事情往往会变得更加糟糕。就像失眠，你越想早点睡着，越容易辗转反侧，无法入睡。

面对失眠的问题，或许偶尔能用一些技巧解决，但当焦虑特别严重的时候，小技巧也没效果，反而有可能使问题变得更糟。有些问题暂时解决不掉，就带着前行。失眠不可怕，可怕的是你害怕失眠。因此，得觉理论认为，来访者有时需要的不是解决问题的方法和技巧，而是一种思维升级。得觉咨询的实效，就是思维升级。

思维升级，不是在"我"的层面升级，而是要在"自"的层面升级，也就是"念"升级。升级"念"或修改"念"，可以有很多方法，下面介绍几种得觉独有的方法。

一是静坐观"念"。看自己的"念"是怎么产生的，每一种"念"的产生与什么相关，是内部的体验所生还是外部的刺激诱惑？内部体验有热、胀、跳、痒、麻、痛、光感等，外部诱因有声音、画面、气味等。要从想的内容去觉察"念"，再看"念"因何而生。刺激生"念"的刺激源被称为"头"，是"念"产生的"头"，称为"念头"。换掉"念"的头，就换掉了"念"的内容，放下"想"的内容，这个"念"的程序就会停止。

二是行动止"念"。有效的行动可以让"念"停下来，当"念"再次启动，内容就会发生变化，可以说"一做则变，一动则止"。同样与"念"无关的运动，如上下运动、跳绳、蹦床运动等，都可以帮助止"念"。

三是复读止"念"。找到"念"并重复读出"念"的内容，一定要读出声来，反复读出声会引发不同的"想"，原来的程序松动，甚至会卸载，建构出新的程序，类似于电脑杀毒，升级卸载，清除不需要的程序。

五、得觉咨询——杆秤平衡

得觉咨询的平衡原理，是根植于中国传统文化中的杆秤平衡的理念，而不是西方文化倡导的天平平衡的理念。杆秤平衡是整体性的平衡，是系统性的平衡，是在不平衡中找到平衡点的过程；天平则是对等的平衡，各方与中心点距离一样，只有公平对待，天平才能维持平衡。

天平与杆秤，都是根据杠杆原理制成的衡具，都有支点和配重。不同之处在于天平（如图1-12所示）是一种等臂杠杆，在杠杆的两端各有一小盘，一端放砝码，另一端放要称的物体，杠杆中央装有指针，两端平衡

图1-12 天平

时，两端的质量相等。天平常常强调的是标准、制度、原则，如同古时候的门当户对、现代社会的法律。

天平的平衡是封闭的、固化的、一成不变的等量平衡，甚至差一丝一毫都不能平衡。天平要称出物体的重量只能不断地外求砝码的添加，求外而无法求内，因此，天平平衡是外控的平衡，是对等的平衡，是绝对的平衡，是自我理论中"我"的平衡。

生活是多元的，人的价值观也是多样的。天平是用公众的认知做等量对比，天平必须平衡才能得出被称物体的重量。用天平

平衡理念指导心理咨询，人容易陷入线性思维，就会游走在"发现问题—解决问题"的怪圈当中。此外，受天平平衡理念的影响，有些人就会事事渴望公平合理，只有个人感到公平了，心情才能舒畅。如果觉得不公平，则耿耿于怀，郁结在胸，甚至气急败坏，行为出格。一次又一次重复，"公平"就像一条绳索，越来越紧地勒着要求"公平"的人，最后让其"窒息"在消极情绪的"死结"中而不能自拔。而这一切的烦恼都源自人的线性思维和对公平的过度追求。

杆秤（如图 1-13 所示）的发明，体现了中国先哲的生活智慧。杆秤是以秤毫（提绳）为转动轴，运用不等臂杠杆的特点制作的测量工具，一般由木制的带有秤星的秤杆、金属秤砣、秤钩（秤盘）和秤毫组成。

图 1-13　杆秤

秤砣在古代称为"权"，秤杆称作"衡"。人们称量时，秤砣和秤杆一定要合在一起使用，正如民谚所云"秤不离砣，公不离婆"，由此衍生出"权衡轻重""权衡权衡"这些常用说法，数理科学中所谓的"加权""权重"也是由此而来的。

秤杆上的第一颗星又叫作定盘星，其位置是秤砣与秤钩成平衡时秤砣的悬点或平衡基准点，把秤砣挂在该点正好能使不挂重物的杆秤水平。做杆秤的关键是能选准定盘星，只要确定好定盘星，就是一把好秤。因此，人们往往把定盘星用来比喻事物的准绳或关键环节。在得觉咨询中，心是自我的定盘星，目标是生命的定盘星。

杆秤的平衡不像天平那样靠两端等量平衡，而是要以秤毫为支点，靠秤砣在秤杆上移动（进退），在不平衡中找到平衡。杠杆平衡是"自"（秤砣）与"我"（秤杆、秤钩、秤盘）的平衡，更多地讲究适度、灵活，是系统的平衡、智慧的平衡。杆秤用标尺与秤砣的乘积表示物体重量，是整体的平衡、内控的平衡，也是自动调节的平衡，无需外求。杆秤在平衡"我"的高低中体现着人情社会的冷暖。虽然杆秤也要随时经过校验（保持自我平衡），但是，做买卖的人还是可以用秤杆的杆头上翘博得买主的欢心，这个误差在卖主的预算之内，然而得到的却是顾客回头满意的微笑。天平生硬的准确，追求公平公正的观念，拉开了人情的距离，滋生了锱铢必较的狭隘和解不开的"心结"；杆秤秤砣与秤杆标尺的乘积扩大了心境容纳的尺度，打开了生命的格局。正如得觉咨询中，通过调整自我对话模式，寻找到生命中的动力源，进而使身心达到一个动态的平衡状态。

第五节　得觉咨询的基本观点

得觉理论，传承中国古老的智慧，尊重自然，参悟自然之道，引领人生之路。得觉咨询顺应得觉生命品质提升这一自然规律以及对自然和生命的基本观点，决定了得觉咨询师不仅要熟练运用得觉基础理论，还要深入了解得觉咨询的基本观点，才能顺其自然地做好咨询工作。

一、生命有三条路

得觉理论认为，人的生命是一个行走的过程，从生到死，我们都沿着三条生命之路看过、走过、感受过。

生命的第一条路叫作躯体之路，如图1—14的粗箭头所示方向。躯体是生命的载体，像一条线段起于出生而终于死亡，正如"人生"二字，从字形上可拆解为"人人入土"。

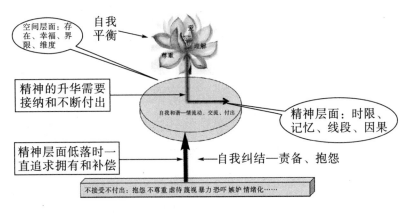

图 1-14 亲密关系中的自我

生命的第二条路叫作精神之路，如图 1-14 细箭头所示方向。精神聚集着躯体存在的能量，同样起于出生，却如一条射线一样可以到达无穷。每个生命在出生的时候，就已经聚集了大量的古老讯息，只是需要个体通过躯体的感知与学习，来进行主动的整合与优化。精神可以有六个层次：关心自己、关心家人、关心集体、关心国家、关心人类、关心自然。层次越高，生命的境界就会越高，他感受到的喜悦程度也就越高。

生命的第三条路叫作"道"，存在于躯体、精神两条路之上，如图 1-14 所示中的"莲花"。"道"从汉字字形来看，可以解释为"头所走的方向"。从心理学的角度，我们可以将其理解为影响生命发展的无意识习惯和思维模式。"道"是无形的，但时刻影响着我们，让我们的感觉时而在躯体之路上，时而在精神之路上。当感觉在躯体之路上时，我们关注外在的物质与环境；当感觉在精神之路上时，我们关注内在的情感与思考。

我们都希望人生充满快乐，同时我们都知道：每个人所拥有的能量不同，整合生命讯息的能力就不同，因此其生活质量也不同。生命能量中最重要的组成部分来自爱，爱在每个人身边流动，在付出与接受之间伴随着能量的变化。爱的流动是增加生命能量的一种方式。但是接受的爱，往往会被"附着品"分走部分能量，这种"附着品"可以是有形的也可以是无形的；而付出爱的时候，能量处于递增的状态，付出越多，得到的回应越多，享受到的爱也就越多。能量提升的第二个重要方式，就是积累每一件看似简单的事情所带来的能量。因为简单的事情不断重复，也就变得不简单了。我们经常考虑太多的"得"与"失"，因此使得原本简单的事情变得琐碎而复杂。其实全然的快乐就在"得"与"失"之间，我们考虑"得失"不如考虑"付出"。"付出"是一种大爱，享受大爱，我们会感受到喜悦与幸福。

得觉自我理论，在精神层面把"自我"的关系分为自我纠结、自我和谐和自我平衡三个层级。这三个层级既是内心从不平和到平和的过程，也是精神升华和觉醒的过程。在两性亲密关系中，看似是两个人的关系，实际上是两个人的"自我"所处层级相匹配融合后的关系。也就是说一个人本身"自"和"我"的关系，不仅决定了这个人处在自我纠结、自我和谐、自我平衡的层级，也决定了这个人与爱人之间的亲密关系和幸福程度。

在生命的路上，我们既有物质的需求，也有精神的追求，这二者并无优劣之分，也都能够带来短时间的快乐。然而，最重要的还是"道"，因为只有"道"能够使我们的生命层次不断提升，使我们持续地处于喜悦状态中。"道"有三个要素：尊重、理解和爱。这三个要素，就像风扇的三个叶片一样，只要在不停旋转，就能把自我纠结状态提升为自我和谐及平衡状态。得觉倡导人们打开生命的窗户，寻道而行，得道觉行，才能不断提升生命的层次和境界。

二、"命"要自己"运"出来

得觉不相信命运。相信什么？相信命，相信运。得觉用智慧给自己规划出一个命来，然后想办法把自己运到那儿，这个过程叫"运命"。当我们相信自己未来发生的一切，然后把自己运到那里去，我们就是自己生命的"主人"，不再会"随波逐流"，我们的生命就变成立体的、丰富的。

为什么相信"命"？因为人活到最后，回望自己走过的一生，会感慨地看到一个字"命"。也就是说，我们每个人会在临终的时候总结："我这一辈子，就这个命啊！""命"不过是我们从生到死的一段历程而已。

人出生就注定会完成一件必然的事——走向死亡，而且这个目标一定能实现。人生两个字，就告诉我们"人人入土"。这就是我们每个人身体的命，无论身份贵贱都逃不过身体的这个"命"！其实我们追寻的是精神的"命"，所以我更相信"运"，因为"命"就是拿来"运"的，关键在于谁来"运"？如何"运"？

如果你完全相信命运，那就是"宿命论者"。"宿命论者"是把自己的"命"拿给别人来"运"，这个"别人"，可能是一个人、一个集团、一个组织抑或一种无形的力量。把"命"交给别人来"运"：如果别人运得好，也许你会觉得自己运气好，一生也就这么过了；倘若别人运得不好，你就会感到人生坎坷，不如意，一生走完，也只有自认倒霉。

关于"运命",《两片叶子的故事》给我们的启示很多：两片才刚刚站上枝头的叶子，一阵风刮过，它们一起飘落下来，落进小河里。它们在水中打着旋儿，毫无目的地顺流而下。突然，一只小手将其中一片叶子捞起来——是一个小孩子："哇，好漂亮的叶子！我要把它送给国外来的小朋友！"于是，小男孩把叶子做成了美丽的书签，送给了国外来交流的小朋友。这片叶子就变成了友谊的象征飞跃重洋。而另外一片叶子就没有那么幸运了，它依然漂浮在小河里，慢慢变成褐色，然后腐烂，最后沉到河底，不知所踪……

其实，我们应该自己"运命"，让自己的"命"站起来，得觉称为"立命"。那么我们该如何"运命"呢？我们总会过完一生，与其在临死的时候回望自己的"命"，不如现在就给自己定一种"命"，给自己一个一生快乐的"借口"，积极地面对已经发生的事情，把握当下拥有的机会，全身心投入自己能做的事情，享受每一次的经历与体验。

学会并坚持自己"运命"，有一天你会发现自己的"命运"，可以像晴空下的云朵，像草原里的花蕊，像雨后的彩虹，自动展示出美丽的形状，折射出七彩的光芒，丰富而精彩！

生命的路就是这样，有长有短，我们身体之路短暂，精神之路却漫长。因此你一定要给自己一个精神梦，如果自己的精神梦走不了，你就跟着一个有梦的人走，你会发现生活完全不一样。

从生命咨询角度看，得觉倡导"运命"，也就是要帮助来访者做好生命的规划：提前给自己一个丰富的人生剧本，规划好自己的健康、家庭、朋友、娱乐、事业、奉献等，让自己成为想成为的那个人。

三、缺陷成就特色

得觉尊重每一个生命个体，主张人们经营好自己独特的生活，享受自己独到的、有品位的人生，喜悦就是在自己的位置上，自由绽放。

得觉理论认为人总是有缺陷的，扬长弃短才能勇往直前。缺陷是自己独一无二的标志，缺陷让我们与众不同。我们只有无条件地接纳自己的缺陷，才可以创造更美丽的人生。这就是得觉"缺陷理论"。

一只残缺的木桶，短板决定了装水的多少，只有弥补短处才能装更多的水。可是谁说木桶一定要用来装水呢？一只残缺的木桶，没有必要通过修补成为一个平庸之辈，而应该利用自己的与众不同，成为一个笔筒或者一个有个性的器皿。如果用它来装宝石，挂在墙上作为装饰品，难道不是更有价值吗？一只残缺的木桶，都可以因为它的缺陷而具有独特的价值，更何况是我们人呢？

人不必为缺陷所累，不必要把能量消耗在补缺上，放弃对圆满的追求，去找到自己的优势，"扬长弃短""扬优纳缺"，把自己最好的一面显化出来、展示出来，要有勇气成为独一无二的自己。

如图 1-15 所示，缺陷是只占了一小部分的三角区，我们更多拥有的是优势区，为什么不选择放开那些无法改变的缺陷，把更多的关注放在优势区呢？

图 1-15　缺陷与优势区

每个人都渴望完美，所以在人生路上，我们往往会去关注那些我们所没有的容貌、品质、能力、经历、家庭背景等，甚至还会花大量的时间和精力去弥补这种缺憾，满足内心深处对完美的渴望。但在行动的过程中，自我认知与外部客观环境总有一定的差距，我们会受挫，渐渐地积累很多的负面情绪，而这些负面情绪将在大脑里创建神经网络。平时，这些网络的通道处于休眠状态，不会影响我们。但当我们遇到各种带有哀伤情绪的文字、歌曲、电影等时，网络就会立即被接通，这些外部的信息会直接进入潜意识，不断强化这个神经链，使我们更深地陷入哀伤的情绪当中不能自拔。这也是我们常常被自己的缺陷催眠的原因。

接纳缺陷要先从接纳真实的自我开始。人从诞生的那一刻起，就注定了是有缺陷的——男人缺少女人的生理结构，而女人亦缺少男人的生理结构。当初生的婴儿慢慢成长到一两岁时，首先要完成一个性别的自我确认。这个过程一般要靠外部不断重复地称呼他是男孩或女孩，以帮助其接纳这个角色，进而从主意识到潜意识，再从潜意识到主意识认同和接纳自己的性别缺陷，最终成为快乐的男人或女人。那些不能接纳性别缺陷的人，长大后往往就会出现性别认知方面的心理问题。

生命是一个不断完善与提升的过程，但总有一些缺陷是难以改变的。当我们看到缺陷的时候，说明我们在智慧里。反过来，我们要得到自己的智慧，就必须站在缺陷里。要站在缺陷里，就只有先走进缺陷、接纳缺陷、享受缺陷。只有这样，才能真正看到并享受到自己的智慧。

世界上没有两片一模一样的叶子，世界上也找不到两个完全相同的人，"补缺是在做别人，扬优才是做自己"。接受并践行缺陷理论，我们就可以无条件地接受自己的全部，无论优点、缺点，或是成功、失败；无条件地喜欢自己，肯定自己的价值，接纳生活中已然发生的一切，同时享受生活中的每一个当下。

一旦我们接纳自己，新的思维就容易孵化出来，就如同图1-16的木桶。木桶理论认为：桶最短的木材决定桶装水的量，所以我们得扬长补短，对于木桶尤其是残缺的木桶来说是需要补缺的，因为在此刻的认知中自己注定就是个桶，而且是一个残缺的桶。可当我们接纳自己时，全新的思维和体验会将我们带出这个被束缚的思维怪圈，我们会立刻反省地告诉自己："我为何要做桶呢？补了疤的桶只能装垃圾啊，而且永远没有办法和好桶媲美。""那我就做装饰品，配上牛角挂在墙上，因为残缺而独一无二。""实在不行就直接装宝石得了。"这是一项在个人成长路上全新的看点和体验，不被固化的概念和世俗观点、习惯约束，接纳自己的一切，从中找到可用的部分并将其展现来，做一个全新的自己、跨界的自己，甚至是新领域的自己。

图1-16　木桶的故事

四、所有的经历都是资源

得觉理论认为生命是一个自然的过程，发生的一切事情都是自然而然的。得觉理论从来不讲伤痛心理学，只看人向前发展的动力源。创伤不仅是某一部分群体的经验，而是人类历史的经验。我们生下来就有创伤，生的过程也是创伤，人人都有旺盛的康复能力，这些东西都会成为我们的动力所在。

得觉不给人贴伤痛的标签，得觉咨询不会像传统咨询那样去挖伤痛，得觉认为创伤和苦难是生命里自然而然的事情，是人生的宝贵财富，是生命成长的重要资源。创伤和痛苦是文化给人贴上的标签，这种负性的标签一旦贴上并被人们认同的时候，就会产生破坏性的作用，让生命的能量"打结"，致使生活不顺畅。

得觉不赞成把创伤和痛苦挂在嘴上，得觉认为人生没有弯路，走过的都是自己该走的路；得觉认为过去的经历、创伤和问题，都是人生的资源。得觉主张把目光放在积极阳光的一面。发生的一切事，原本是自然而然的事情，再大的风雨都会过去。树木可以带着疤痕成长，人也可以带着创伤往前走。得自然，觉自然，得觉本自然。

人一生的经历，其实没有好坏，没有对错，只有你接纳和不接纳。接纳了，你就会产生正向的信息，也会给人们一个积极正向的感受。不接纳，你就会产生一个负向信息，但如果负向信息运用好了，它会产生更大的力量。人在社会中生存，负向信息是一定存在的，若不存在，人类就不会提升。

神经学的研究表明，人的大脑对坏刺激的反应比对好刺激更强烈，而且留下的痕迹更深。人们更擅长处理坏信息，坏信息会让人们产生更多的注意力，更彻底地分析以及更广泛地联想。而且，人们不但更擅长处理坏信息，从某种角度说，人们还"犯贱"地更喜欢处理坏信息。"人们闲谈到别人时，说的坏话要比好话多得多""好事不出门，坏事传千里"，说的也是这个道理。

生命原本没有什么意义。生命的意义在于你赋予它的意义。你在生命中的任何事情、任何经历，本身并不带有任何意义，本质上都是中性的，既不好也不坏。但是很多人在发生一些事情的时候，习惯在"我"的程序里思考和处理，会更多地关注坏消息，会认为那些事情是不好、是负面的，因此，他们的心态就不太好，心态不好，心情就不好，心情不好，情绪就可能低落，就有可能会生气、愤怒或者悲伤，结果导致创造出更多的负面事情发生在他们的身上。而他们自己还以为那些事情、那些经历就一定是不好的，一定是负面的，但事实并非如此。

现实生活中，当我们经历一些事情的时候，确实在有些情况下不易直接把那些看起来非常负面的事情解释为正面的事情，但是如果你能够尝试着把它解释为中性的，这还是比较容易的。当你能够意识到一切都是中性的，那个看起来非常不好的事情，其实是中性的，那么这个时候，你就能够很容易地将这件经历的事情看成是人生的财富和资源了。

生命，毕竟是个自然过程，一切发生的都是最好的，一切发生的都是自然的。如果发生的事不是好事，那说明没有到最后，我们也没有从中感悟到生命的升华和内涵。

我们的"自"在遇见负向信息的时候，要让它产生积极正向的语言和信息。平静下来，让我们不癫狂，悲伤来临的时候，让我们不沉沦，这就是得觉修心之路。在这样的路上，我们生命的纬度、长度、宽度、高度，就会不断地、自然地展开，你就可以得到丰富、立体的生命。

五、人生是丰富立体的

得觉看到了大自然的丰富，倡导人们效法自然，让生命流动，让思维流动，让情感流动，顺心自然，拓宽生命的格局，提升生命的层次，活出多维的、丰富的、立体的人生。

生命有三个维度，即长度、宽度和高度。长度是指生命的自然维度，即躯体生命，生理年龄以时间为计算单位，有长短，呈现的是人的生活相。宽度代表生命的格局、心胸的宽窄、视野的宽窄、舞台的宽窄。心胸广阔的人，能够在更大的舞台上实现自己的人生价值，拓展生活的意义，呈现的是人的社会相。高度指的是精神生命的层次，人类是自然界的灵性存在，人在精神、道德、人格、审美等方面有不同层次的追求，使人的生命呈现出不同的境界和不同的生命质量，呈现的是人的精神相。

仅有长度和宽度的人生是平面的，有了高度的人生，才是立体、多彩的。单一的生活很无聊，平面的人生很无趣，立体丰富的人生才是精彩的。

延展人生的长度，就是要在人的生活相（如图1-17）里"好好过日子"。要珍惜和善待自己的身体，拥有健康的生活方式。世界卫生组织（WHO）曾警示：影响人类生命长短的疾病，60%是人自己制造出来的，即来自不良的生活方式。得觉理论认为，人在生活相里，主要追求的是"自"的满足，概括起来就是吃、喝、玩、恋这四件事。人在生活相里要遵循的就是自然的规律和次序排列。要延展生命的长度，秘诀就是"好好过日子——有规律地生活"。

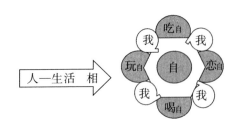

图 1-17 人的生活相

　　延展人生的宽度，就是要在人的社会相（如图1-18）里"好好学习"。要博学广涉，见多识广，丰富才智，才能成人成事。得觉自我理论认为，人在社会相里，主要追求的是"我"的满足，模仿（学习）是人天生的本能，也是后天提升自己的本事。古往今来，那些流芳百世为社会发展和人类文明做出不朽贡献的"大家"，都是好学、善学、会学的"大师"。

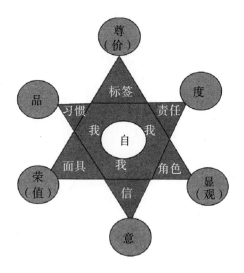

图 1-18　人的社会相

　　得觉理论认为，人在社会相里要注重各种关系的平衡，而人所有关系都是"自"和"我"关系的投射。在人的社会相图中我们还可以读出："我"有标签了，我就有了"价"，在别人眼里我也就有了"尊"，一个人自我和谐的程度，决定了这个尊是"我尊"还是"自尊"。"我"是面具，我就有了"值"，在别人眼里我也就有了"荣"，一个人自我和谐的程度，决定了这个值是"我值"还是"自值"。"我"是角色，我就有了"观"，在别人眼里我也就有了"显"，一个人自我和谐的程度，决定了这个显是"我显"还是"自显"。同样的，我们还可以从一个人的习惯中读出这个人的"品"行，从一个人的责任中读出这个人的气"度"，从一个人的"信"中读出这个人的"意"思。延展生命的宽度，秘诀就是"好好学习——专心做事，平衡自我"。

延展人生的高度，就是要在人的精神相（如图1－19）里"好好修心"。修心才能养德，修心方能悟道。道是天地万物的本源，是万物存在与变化的普遍原则和根本规律。德是人的灵魂，是立身之本，是成就事业的基石，也是人的精神追求，德高才能望重。

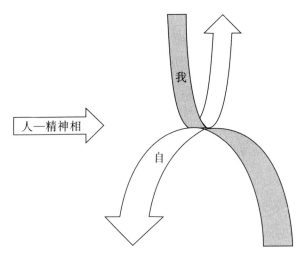

图 1－19　人的精神相

得觉理论认为，人在精神相里要注重"觉"的满足，也就是"自"和"我"要整体提升和觉醒。得自然，觉自然，得觉本自然。一个人只有在社会生活中真实看到了生活相和社会相的本质，才会有所心得，有所悟道。如果一个人一直不觉知、不觉察，还一根筋似的保持着原来的社会生活系统的习惯，一直用固有的思维模式和行为模式生活，生命能量就会自然地慢慢消耗掉，直到生命终结。

我们说这样的人还没有"得觉"。延展人生的高度，需要"好好修心——顺应自然，得道觉行"。

第六节　得觉婚恋家庭幸福观

得觉发现，人的自我对话模式受原生家庭的影响。中国社会是一个家文化的社会，家的观念早已成为中国文化的基因，更成为每一个典型中国人的心理基因，根植于其内心深处。几乎所有中国人的心理问题，都可以从家说起，社会生活中的种种关系，如人际关系、事业关系、与财富的关系、自己与自己的关系，往往都是其家庭关系的投射。因此，运用得觉理论经营好我们的婚姻家庭，对我们每一个人来说，都是十分重要的。

一、得觉理论对家的解读

家庭幸福一直是人们婚姻生活中的永恒追求。那么"家"是什么呢？不同的人对"家"这个概念也会有不同的解读。

中国的老话说，家是讲情的地方，不是讲理的地方。家是我们回归的地方，是我们的根，我们生在家里面，我们的生老病死都跟我们的家息息相关。中华民族是一个最看重家庭传统的民族，因此我们才会有一句俗语叫作"家和万事兴"。

从得觉的自我理论中我们也可以看出来，我们在家里面一定是"自"在前面，"我"在后面，在情感和谐的时候我们再来讲理，在情感融洽的时候，我们的教育才能够起作用，我们的影响人的工作才能够开展。所以，很多的家庭很困惑为什么青春期碰上更年期会那么难办，是因为我们的情感没有疏通，既使我们讲的事理再正确，孩子也听不进去，甚至可以说孩子的好心，爸爸妈妈也收不到。

图 1-20 这个"家"是格桑体写出来的美妙的艺术字，由两部分组成，一部分是躯体，另一部分是精神。得觉的自我理论可以解释一个词，这个词在家里面最常用，叫作自在。自在就是"我"不在了，道理不在了，评判不在了，人就自在了。也就是自在，自己在。人什么时候最自在呢？就是在自己的世界里不被评判的时候，自己完完全全、彻彻底底地允许自己成为那个真正的自己的时候，就是一个人最自在的时刻。所以，家就是这样一个用情感连接起来的，让每一个人都能够舒舒服服地生活的港湾。

图 1-20 家

家字最奇妙的是上面有宝盖头，下边一个"豕"字，也就是一头猪。家有两个含义：一个含义是在家里要有安全和物质（宝盖头）的基本保障，要能保证躯体的安全；第二个含义是在家里边人能够像猪一样地生活，舒服自在，在精神上得到愉悦。像猪一样生活，不是贬义，而是提醒人们回家就要放下所有的工作和职业角色，全身心与家人在一起，过最简单的生活。此外，家字上边有一个点，代表家庭里每一个成员都能抬起头，都能享受家庭的喜悦和快乐。这个点落在下边就组成了另外一个字"冢"，如果不好好经营家庭，家人之间不交流，家就如同"坟墓"一样了。因此，当我们走进家门的时候，让我们放下一些我们的价值观、我们的对错好坏，用心、用情感去跟自己的亲人沟通和交流吧。

二、得觉独有的幸福观

得觉发现，人早期的生活经历，会影响自我对话模式的形成，对个人的生活和工作也会产生长期深远的影响，甚至会决定个人一生的幸福。哈佛大学花了 75 年对 724 个人进行了跟踪研究——"什么可以让人感觉到幸福？"最后得出了简单的结论：好的人际关系可以使我们更快乐和健康，让我们感到幸福。

图 1-21 的幸福观很好地阐释了幸福的丰富内涵。在"自"的层面，幸福与感觉、感情和结果有关；在"我"的层面，幸福与家人、友人和同仁有关。在现实生活中，我们首先要找准自身角色，再找准与其他人的关系和定位，就可以按照图中所示，直观地得到幸福的秘诀。

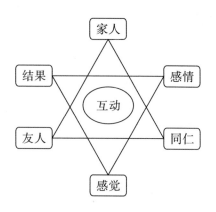

图 1-21 幸福观

在家庭里，与家人在一起，讲感觉，感觉好→感情好→结果好；

在生活中，与友人在一起，讲感情，感情好→感觉好→结果好；

在工作中，与同仁在一起，讲结果，结果好→感情好→感觉好。

三、自我理论解读男需女要

有人说："男人来自火星，女人来自金星。"虽然男人和女人共处地球，属于同一种生物，但是男人和女人却是生来就不相同的。生活里，男女的兴趣爱好、娱乐方式也有很大区别。男人一般会为了世界杯而熬夜欢呼，女人却习惯沉迷在浪漫的偶像剧里无法自拔。

在中国传统文化中，我们经常把男人比作山，女人比作水，以此说明男女的很多不同。现代医学已经证明，通常情况下，男人习惯用左脑（智）比右脑（慧）多一些，女人习惯用右脑（慧）比左脑（智）多一些。得觉自我理论认为，男人通常会习惯在"我"里来思考，思考的多半是需求的、理性的、阳刚的、能力的方面，事情在男人眼中常常就是一件事而已。女人通常会在"自"里来琢磨，琢磨的多半是想要的、感性的、阴柔的、能量的方面，事情在女人心中常常会演变成"情事"。

用得觉自我理论来解读男女在两性关系上的需要，就会呈现明显的不同，如图1-22所示。女人在两性关系上需要得到的是关心、理解、尊重、忠诚、体贴和安慰。男人在两性关系上需要得到的是信任、接受、感激、赞美、认可和鼓励。由此可见，女人的需要多半在"自"里，表现为自需自要，女人以过程为导向，喜欢亲密和心灵的契合，表达方式多半委婉含蓄，常常会让人一时琢磨不透。而男人的需要多半在"我"里，表现为我需我要，男人以目标为导向，喜欢征服和肉体的满足，表达方式多半生硬直接，常常会让人一时难以接受。

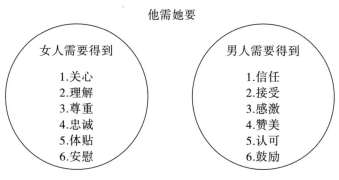

他需她要

女人需要得到

1. 关心
2. 理解
3. 尊重
4. 忠诚
5. 体贴
6. 安慰

男人需要得到

1. 信任
2. 接受
3. 感激
4. 赞美
5. 认可
6. 鼓励

图 1-22　男需女要

因此，当我们能够学会运用得觉自我理论，熟练地解读男女的心理需要时，我们就会成为人际沟通和交流的高手，就能更好地处理家庭与工作的关系。

四、得觉合一型婚姻要点

家庭关系的起点和基础是婚姻，一对男女结为夫妻便建立了一个新的家庭。他们生儿育女，又产生了以父母子女关系、兄弟姐妹关系为主要内容的血缘关系，以及由婚姻、血缘关系延伸的其他关系。经营好婚姻不仅有利于培养良好的夫妻关系，也会让家庭文化更有利于新生儿"自我"的和谐及平衡。

经营好婚姻，在躯体安全方面，需要满足以下六个方面的需要。这六个方面的需要，满足三个就能把婚姻经营得很好了。满足的需要越多，说明夫妻匹配度越高，如图 1-23 所示。

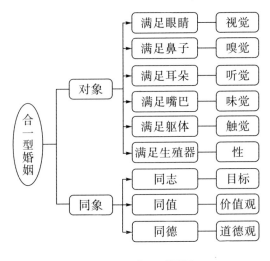

图 1-23　合一型婚姻

一是满足眼睛，视觉的需要。两性相吸，首先就是满足视觉的感觉。眼睛是心灵的窗户，眼睛可以放电，可以传递无尽的情感，所以在婚姻经营里一定要善用眼睛。要多用充满爱、关心、理解、包容的眼神关注对方，在表达"我爱你""谢谢你"等情感的时候，更要看着对方的眼睛。婚姻中最大的伤害是一个人对另外一个人无视，说明你不仅眼里无我，心里更没有我。

二是满足鼻子，嗅觉的需要。人类是嗅觉的动物，小孩子闭着眼也能通过嗅觉找到妈妈的位置。每个人体都有着固有的生理气味，这些气味常不易被自身嗅到，只有爱人才能够感受到。夫妻之间要了解对方喜欢什么样的气味，然后，相互投其所好，以促进爱情发展。但要注意的是，人体的气味点缀不能太过分，尤其是男性。还有一点就是不要随意搬家，因为家里弥漫着家人的味道，是每个家庭所独有的。

三是满足耳朵，听觉的需要。在亲密关系中，很多信息都是通过听觉传递和感知的。生活中人人都喜欢听正向的语言，都有被认可和赞赏的需要。但现实却是，我们常常把最难听的话说给最亲近的人。得觉咨询教大家一个方法，就是把"虽然……但是……"这个句式的内容，前后颠倒一下。比如，我们表扬孩子，"虽然最近表现不错，但是这次考试怎么分数那么少"。可以换成"虽然这次没有考好，但是妈妈发现你最近很努力"。这样听起来的效果就很好。

四是满足嘴巴，味觉的需要。有人说，爱情是私人的味道，只有两情相悦才可以品尝。嘴巴除了可以说话，还可以接吻，传递感情。夫妻之间亲吻，不仅可以拉近两颗心之间的距离，还会让两个人回忆起恋爱的美好。中国夫妻要学会亲吻，习惯亲吻。亲吻的形式有很多种，不一定天天用最深情的亲吻，偶尔在对方脸颊、手心亲一下，会比语言的交流更有力、更深刻，也更有印记。

五是满足躯体，触觉的需要。在所有的感官活动中，触觉和理智之间的关联最少，但是却最富有情感性。很多夫妻恋爱时就总爱缠在一起，可是结完婚后就很少有爱的拥抱了，这样不仅会让女性没有安全感，还会让夫妻间的感情疏远。夫妻要经常有肢体的接触，最常见的触觉体验是牵手、亲吻、拥抱、爱抚和按摩。每个人都有属于自己的独特触觉敏感区，如颈部、背部、耳朵等，这些特殊区域需要双方一起去探寻。女人是触觉动物，对触觉的渴求更大。

六是满足生殖器，性的需要。夫妻间的性爱是非常重要的，也是夫妻生活中必不可少的。性爱不仅仅可以使双方获得生理上的愉悦，更可以得到心理上的满足和情感的升华。性爱是一种技能，夫妻之间不能谈性色变，羞于启齿。要善于沟通交流，不断学习性的技能和爱的表达，这是夫妻之间很重要的学习和成长课题。

经营好婚姻，在精神安全方面，夫妻双方需要达成三个方面的共识。

一是要有共同的目标，也叫同志。目标不一定要多大，仅仅是朝着同一个方向，就能起到很大的作用。心理学家研究发现，当夫妻在同一个方向上班的时候，他们的婚姻幸福度更高。当夫妻两人能静静坐下来商量一下未来的发展，讨论一下远景规划的时候，无形中就把两人的力量聚集在了一起。夫妻间一旦建立起共同的目标，就会减少家庭内耗，齐心协力去努力追求。

二是要有共同的价值观，也叫同值。夫妻之间要善于坦诚相见，鼓励对方开诚布公，诚实地说出自己的观点、价值观以及信条，拉近彼此的关系。得觉理论对价值观有独到的解读，价值观是"我"在后天组装起来的一套程序，价是标签，值是面具，观是角色。只要我们学习并运行得觉理论，我们就可以不断地松动和卸载自己原来的价值观，与对方建立起更高级的、共同的价值观。

三是要有共同的道德观，也叫同德。得觉自我理论认为"德"在"自"里，遵循的是宇宙自然之道。夫妻之间同德，就是要顺应自然、社会、生活和人际的规律，专注当下，认真做事，做到求大同存小异，和谐共处。同德才能同心，同心才能走得更远。

如果以上三个方面都没有找到共识，那也没关系，直接赋予婚姻一个意义即可，任何一个意义都可以，如一起抚养子女、一同创业积累财富等。

五、图解亲密关系中的自我

得觉理论认为，每个人都有一对"自我"，有的人是自大我小，有的人是自小我大，很少一部分是自我一样大。拥有亲密关系的两个人，在"我"的层面是两个人在交往，也就是两个人的"我"交往，实际上在"自"的层面，是两个人的"自"在，彼此接纳和融入。自为阴，我为阳，"自我"同样遵循阴阳相吸和互补定律。通过描绘两性亲密关系的自我互动，得觉一共总结了7种类型图。

图1-24中，两个男女是同类型相爱，每个人都是"自"大"我"小的人。他们在恋爱时常常表现为"自"的相互吸引，包括嗅觉、体觉、触觉、性等感觉层面的吸引，可以说"一见钟情"，也就是从感知觉和性等方面得到满足，他们的爱情会发生很多"情事"。当他们进入婚姻后，因为两个人的"自我"是同类型的，虽然"我"会有不一样的地方，但他们会在"自"本能地驱动下，找到两个人"自我"的重新平衡状态。

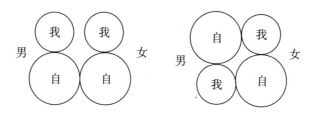

图1-24　亲密关系中的自我1

图1-25中，两个男女也是同类型相爱，但每个人都是"我"大"自"小的人。他们在恋爱时表现为"我"的相互吸引，也就是人与人的交往，常常表现为一方被另一方的外表、性格、能力、责任、习惯和价值观等所吸引，他们之间会发生很多"事情"。当他

们进入婚姻后，在"我"的争吵和辩论的驱动下，他们的自我也会达到重新平衡。

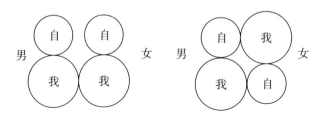

图1-25　亲密关系中的自我2

图1-26中，两种不同类型的人相爱了，即"自"大"我"小的男人爱上了"自"小"我"大的女人，他们是互补性爱人，但男方占主动地位。在恋爱时，两个人"自""我"互动会比较频繁，彼此好奇、欣赏、爱慕。但当他们进入婚姻后，就会发现原来你和我是完全不同的两个人，经过磨合，他们会在某一个领域中找到"同志"，比如在教育孩子方面或者在财富积累方面，找到了共同的目标，他们的自我就和谐了，但也会相对独立。

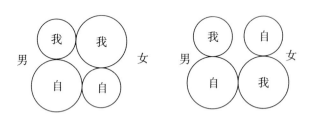

图1-26　亲密关系中的自我3

图1-27也是两种不同类型的人相爱了，即"我"大"自"小的男人爱上了"我"小"自"大的女人，他们也是互补性爱人，但是女方占主导地位。在恋爱时，两个人会因"你有的，我没有"而彼此欣赏。但当他们进入婚姻后，就会发现原来你和我是完全不同

的两个人，经过磨合，他们会在"同向"方面找到平衡点，以此达到和谐，也可以很亲密。

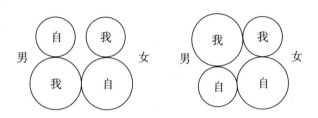

图 1-27　亲密关系中的自我 4

图 1-28 是"我"大"自"小的男人爱上了"我"大"自"大的女人，他们是矛盾性的爱人。在亲密关系中，女方占主导地位。在恋爱时，两个人会在"我"层面找到很多的共同点，而彼此欣赏。但当他们进入婚姻后，女方就会变成家庭的主导，不顾男方的感受行事，男方的"自"受到压抑，慢慢地与女方疏离，直到心生嫌隙。

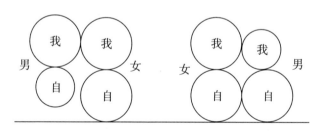

图 1-28　亲密关系中的自我 5

图 1-29 是"我"大"自"小的女人爱上了"我"大"自"大的男人，他们也是矛盾性的爱人。在亲密关系中，男方占主导地位。在恋爱时，两个人也会在"我"层面找到很多的共同点，而彼此欣赏。但当他们进入婚姻后，男方就会变成家庭的主导，不顾女方的感受行事，女方的"自"受到压抑，要么逆来顺受，要么就会

发生争吵，互不理睬，甚至发生冷暴力。

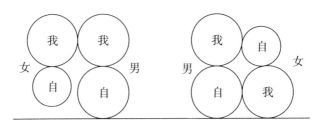

图 1-29　亲密关系中的自我 6

　　图1-30是人间少有的人，"自我"和谐的男人爱上"自我"和谐的女人，这样的爱情多会出现在电影电视剧之中，一般被称为神仙眷侣或金童玉女。他们是我们"自我"成长修炼中的榜样。因为他们的"自我"和谐，说明他们的原生家庭关系也很和谐，他们的人格发展都比较完善，彼此都比较有自知之明。因此，他们的爱情和婚姻都会比较顺畅，是得觉幸福合一婚姻的典范。

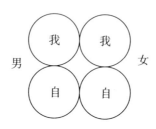

图 1-30　亲密关系中的自我 7

第二章　得觉咨询的实施

第一节　得觉咨询的一般目标

咨询目标一般是由咨询师与来访者共同商定，有狭义和广义之分。狭义的咨询目标，又称个别目标，是针对某个特定的来访者而制定的咨询目标，是一般目标在某个来访者那里的具体化。广义的咨询目标，又称一般目标，是指某一流派或某一流派的咨询师所特有的，适用于所有来访者的目标。

得觉咨询的一般目标就是综合运用得觉咨询理论，帮助来访者找到蕴藏在每个人心中的动力源，启动动力源，促进来访者找到自主到达和谐的路径，获得调控"自我"平衡的能力，从而应对生活中发生的一切变化，帮助人自觉、自然、喜悦地生活。

一、一个原则：助人自助

助人自助，从字面上可以理解为两个意思，也可把它当成一个概念。如果从整体发展的角度讲，它既体现了人与人、人与社会的相互依存关系，同时也反映了人类和谐发展的基础。二者是辩证统一的关系。助人，可以包括任何有助于社会、有助于他人的行为。

助人自助是中华民族的传统美德，也是心理咨询最基本的原则。这是因为咨询师期望通过其帮助，使来访者增强独立性，而非增强依赖性，以期能够在日后遇到类似的生活挫折和困难时，来访者可以独立自主地解决。正所谓"授人以鱼，一日享用；教人以渔，终身受用"之理。

助人自助也是得觉咨询的一个重要原则。在得觉咨询师眼中，咨询的过程其实是一个互助的过程。一方面助人者在助人的过程中，锻炼和提高了自己的德和能，并且能够及时地"空杯"，杜绝来访者的情绪对自己造成影响；另一方面被助的人学会运用得觉理论去解决各种心理问题和人生课题，逐渐走向成熟。得觉咨询特别强调，助人者先自助，这要求咨询师必须要让自己具备助人的能量和能力，方能助人。这就好比，一个人路过河边，恰遇一溺水的人，于是跳进河里营救，这是见义勇为的好事，但如果他自己都不会游泳，那就不仅救不了别人，而且有可能把自己也搭进去。助人之心固然重要，助人之力也必不可少。因此，助人者必先自助，必须使自己具备并不断提高助人的能力。

得觉咨询与一般的心理咨询不同，本质在于得觉咨询是一套符合东方人思维、具有中国特色的现代心理咨询理论与实践体系。得觉咨询之可贵，在于它可以通过自我对话来找到一个人的动力源，进而推动来访者去积极地认识自我、接纳自我和发展自我；得觉咨询之难为，在于这种来访者对自我的深刻反省与认识是自主自发而产生行动的，而不是由咨询师通过说教甚至强迫而来的；得觉咨询之巧妙，在于咨询师运用生活中的智慧，不断启发来访者说出自己想说的话，升级自己原有的思维模式；得觉咨询之高明，在于来访者不但能学会独立面对困难，也能从中学会积极的思维，增长人生的智慧。

　　得觉咨询与一般的心理咨询不同，区别就在于得觉咨询能使人快速觉察自我对话模式，看到自己内心潜藏着的一种力量。这种力量，充满爱与尊重；这种力量，代表着勇气、智慧、喜悦、和谐、幸福；这种力量，让人能够带着快乐的微笑面对风云莫测的人生，享受生命的辉煌、卓越和精彩；这种力量，既平凡又神奇，却蕴含在每个人心里，它最终带给人平安吉祥、快乐安康的生活。这种力量，就是得觉的力量。

二、两个状态：从"迷"到"明"

　　得觉把人生分为四种境界：不得不觉、得而不觉、有得有觉、不得而觉。得觉认为人生唯一字，"觉"也。

　　得觉咨询，就是要帮助来访者从"不觉"到"觉"，从"迷"到"明"，提升生命的质量，拓宽生命的宽度，提升精神生命的高度，让人生从单一到多彩，从平面到立体。

　　来访者的问题很难在短时间内彻底得到解决，这时，不妨引导其先将问题放下，"接纳"问题，"面对"现实，做当下能做的事。可总结为："迷，则行醒事；明，则择事而行。"

　　"迷，则行醒事"。"迷"是对各种困惑的概括，"行醒事"为应对方式，这句话的意思就是：当看不清楚未来的时候，把眼前清楚的事情做好。这其实是"顺应"的体现，我们遇到一时无法解决的困难时，唯有心平气和地接纳困难，把能做和该做的事情做好，因为只有行动才能看到变化，才更容易找到解决的方法。

　　"明，则择事而行"。这句话紧承上句，意思是当看得清楚未来时，选择性地把眼前的事情做好。这其实是"坚持"的体现——做

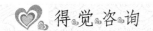

事情有选择性，直奔目标。

得觉咨询师根据来访者的状态，确认他看到的目标，帮助他确认他能做到的事情；在他不清楚时，引导他梳理目标。得觉咨询会有选择地去做一些事情，因为我们是观察者，而不是拯救者，我们不是救世主，我们不管他的过去，也不管他的未来，我们只管当下，在当下里抓住他最可以用的资源。

例如，有一位大学生在半夜三点短信咨询老师："尊敬的格桑老师，我是某某学院的本科生某某，在您忙碌中还打扰您非常抱歉，一直很感谢您每次对我的帮助。离考研只剩十多天，自己真的没有信心和把握。我家在甘肃，我想去签我们家乡很冷门的电力公司，却意外得知今年不招女生，但是这样一份稳定的工作却可以让自己的生活有保障。考研和工作都没有把握，这种两难的处境让我感觉很无助，很没有安全感。虽然在大学里我很努力很踏实地度过，但最后还是没有得到想要的出路，我有些不知道该如何面对家人和自己，不知您是否可以给一些建议。当然这是我自己的问题，您也可以不回答，对您的打扰真的很抱歉。"

老师回短信："先面对考试，工作是顺其自然。考完我们一起想办法，别人有办法，咱们也一定能想到办法。"学生回的短信："谢谢您的鼓励，您的话让我觉得有力量继续前进，真的很幸运在大学里可以遇到您。"然后在考试之前老师再给她发了一个短信："尽力吧。"

这个咨询过程看起来非常简洁，但老师在这个过程中将高超的咨询技巧融入生活化的语言中，用简洁的几句话直接唤醒她。因为考研是自己的事情，现在还没有考，这个节点要抓死——当下可做什么？一定做当下可做的事，先面对一个确定的东西。

深夜发短信说明她处在"自"的情绪里，"工作是顺其自然"就是让"自"放松了，把"我"和"自"的事情分开，告诉她工作由不得你，也由不得我，那就顺其自然。可是我们不能直接给她点出来——找其他工作，那是伤痛啊，便隐晦地说一些概念出来。"考完我们一起想办法"，是建立她的支持系统。她发短信给老师，说明她并没有支持系统，只有她感觉的支持系统，她既然希望老师成为支持系统，用这句话就直接给她支持。"考完一起想办法"就有力量，"考完给你找个工作"就没力量，她自己都不会信的。

这个时候用了个最核心的两个字"我们"，就是我们站在一起了，这样做将支持直接带到生活里来。老师强化前面的部分，就是她的"我"要做和当下能做的事情，要确认，这是很重要的。然后再给她的"自"说一句话，"别人有办法，咱们也一定有办法"，将"自"承受的压力淡化。

三、四个层次：喜悦的智慧、快乐地思维、幸福地行动、当下地面对

（一）得觉咨询的第一层面

喜悦的智慧——得觉不是一个简单的技术，是调动内心的核心驱动力，走自己的路。快乐的时候不癫狂，悲伤的时候不沉沦，喜悦地走自己的路，走在智慧的路上与智慧地走在路上。

得觉，是觉知你当下新鲜地活着，而且是自在地活着，这种活法叫作喜悦。得觉咨询就是要启迪人喜悦的智慧。喜悦地活着，自我的内心世界就会豁然开朗，并体味到四通八达的畅快。喜悦是发自内心的一种感觉，是得觉咨询追寻的一种体会。喜悦地活着不是快乐地活着，是想不快乐都没办法的一种状态，在悲伤来临的时候

不沉沦，在快乐来临的时候不癫狂。它是一种境界，它是一种修来的对话，它是一种挡不住的人生感觉。

喜悦的智慧可以让人享受生活的每一个当下。无论遇到什么事情，坚信喜悦的感觉会自然地从内心升起，让这个世界充满了美丽和创造。现实生活中有很多人因为没有智慧，所以妄想和杂念太多，心中太乱，心里面也生出很多痛苦、烦恼。得觉咨询帮助人自得而觉，自我确认获得喜悦的满足，要让自己每一个当下带着喜悦去面对一切。用得觉的理念，让咨询在喜悦的状态中往前走，不需要知道人是怎么想的，只需要找到人思维的动力点，并且引领人快乐地思维和幸福地行动。

（二）得觉咨询的第二层面

快乐地思维——思想决定行为，生活的哲学告诉我们，理所当然的东西未必都理所当然。开放、阳光、快乐的思维模式才会让我们看到更多的可能性，人生际遇也会因之而全面改变。

快乐地思维是帮助人们喜悦面对人生的方法。西方人追逐以破坏性与创造性为主要特征的阳性的思维方式，东方人则习惯于以包容性与承受性为主要特征的阴性的思维方式。这是东西方文化里的两个社会相。得觉通过观察自然相、社会相，发现了隐藏在社会文化现象之下的思维规律，使人们在复杂纷扰的社会中，不至于迷失方向。

得觉看到，每个人的内心都像是一座巨大的仓库，存放着各种各样的情绪，而感觉则像是一个小小的玻璃杯，只能盛放着某一种或几种情绪。让快乐或舒畅的情绪增加，悲伤或痛苦的体验自然就少了。得觉咨询帮助人们看到自己的思维模式，教会人用快乐的思维模式取代消极的思维模式，增加来访者积极的情绪体验，特别是快乐的情绪体验。不断重复快乐的思维并固定为自己习惯的思维模式，生命的状态就会更加积极正向。

（三）得觉咨询的第三层面

幸福地行动——希望等于零，行动才最接近梦想，未来在当下的行动里；背对太阳时，只转头没用，转身才能迎接太阳。不行动就不会有幸福的生活。

《得觉》四字文中有这样的语言："左脚放下，右脚方行，体悟自然，圆融生命。"人生是上一次的放下和下一次的前行，没有上一次的放下，永远没有下一次的前行。人生前行的路是一次一次抬起和一次一次放下反复循环的过程。得觉主张人不要回头看，要转过身大胆地往前走，觉悟而动。幸福地行动，就是要赋予行动积极意义，该放下的要放下，让人在自然的状态中行动起来。

得觉咨询注重调动人的积极行动。得觉认为人生过程就像人走在飞机的传送带上，而这个传送带就是人类社会的规律，不管人愿不愿意，社会一直在发展，生活一直在继续，不会为谁停留。人在传送带上的不同状态展示了人生命的不同状态，许多人转过身去处理过去的事情，传送带也会把他送向远方，这就是倒退。有的人忙碌现在的事情，在传送带上横着走，叫"蟹步前进"。生命的精彩不在于回头，而在于前行。当你去敲幸福之门时，幸福之门自然会为你敞开。

（四）得觉咨询的第四层面

当下地面对——活在当下，面对当下，专注做事，不被惯性思维束缚住前行的脚步。在生活的坐标上，高则享受，低则接纳，用喜悦的心感受生活的每个阶段。

得觉就是让你觉悟地去面对每一个当下，让你形成一种思维习惯，在每一个当下里做出应该往前走的关键选择。得觉讲因动而得。抉择在动时，顺应当时最大的社会形势，顺应当时最大的自然环境，顺应当时自己心里可以去面对的最大愿望，感受每一个当下的快乐，只有动才会有结果，行动才能够接近梦想，所以因动而得。

得觉讲的最核心的一个能力叫面对，你要敢于面对一切发生在你身上的事情。当下地面对就是瞬间去面对当下自己的状态，既要面对当下所遭遇的任何正在发生的事件、任何境遇（无论顺境逆境），也要面对当下身上所升起的任何感受（无论好坏）以及当下心中所升起的任何"念"和情绪，并且能够根据实际情况采用切合实际的举措，过好当下。

得觉咨询就是将心定在当下自己的生活里，享受生活中已有的，既不纠结过去，也不逃避现实，更不焦虑未来。无条件地接受自己的全部，无论优点、缺点，成功、失败，无条件地接纳自己，不以自己是否做错事而有所改变，无条件地喜欢自己，肯定自己的价值，心中时刻都拥有愉悦感、幸福感和满足感。

第二节　得觉咨询的问题分类

得觉理论认为，来访者产生问题的直接原因都是自我对话的程序出现问题。得觉咨询一般会从优化调整来访者的自我对话来调整他的内心状态和生命状态。人的自我对话状态可能会受到多方面因素的影响，包括系统问题、关系问题、成长经历问题、负性思维问题、创伤未处理的问题、生理问题等。

一、系统问题

人生活在系统中，并一直受到系统的影响。在所有的系统中，家庭系统对于我们个人的影响是最为深远的。家庭系统是我们身上承载的所有信息的来源，既包括家庭成员相互之间交流的横向信息，也包括祖孙通过 DNA 和细胞物质代际相传的纵向信息。

家庭系统是最具神奇力量的，因为家庭系统的运作，不仅受到自然规律的影响，更有一种强大的力量推动着家庭无意识地运作，那就是爱。我们时常有很多莫名的悲伤、惆怅、不安、焦虑、恐惧等情绪，都与心中缺少爱有关。爱是可以传承的，也是可以传递的。

当我们年幼的时候，总会埋怨父母，把自己的不开心归结于家庭中的某个人，甚至我们长大了也是如此。其实，家庭是一个整体，一个成员出了问题，其他成员也会受到无意识的影响，做一些他们认为对的事情，帮助整体系统处于良好的状态。例如，在一些贫困的家庭里，先出来工作的孩子，往往会自动地承担起弟妹的生活费用。问他们为什么这么做，回答多是"应该的"。"应该的"就是家庭无意识运作的结果。

系统对人的影响更多是无意识的，也因此更具有力量。著名的螃蟹理论是这样的：当卖螃蟹的人把一只螃蟹放在篓子里的时候，必须要盖上盖子，以防止它逃跑。如果把一群螃蟹放在这个小篓子里，即使不盖盖子，螃蟹也不会从篓子里逃走。因为每当有一只螃蟹想要往上爬的时候，其余的螃蟹就会伸出钳子把伙伴给拉回来。久而久之，螃蟹都放弃了努力，安心地待在篓子里。

还有一个社会系统的例子，比如有一种说法"成功的人都是偏执狂"，偏执的性格会让人产生各种各样的情绪和行为，其中有一部分可以帮助人们跨越一些事业上的门槛，如坚持自我的意见。但是如果把偏执的性格或者行为同成功画上等号就不合适。不同的社会系统有不同的文化习惯，对偏执的人的影响也是不同的。偏执的人在西方世界中被认同的程度更大。而在东方世界，一个偏执的人就很难获得成功，因为偏执的人在东方社会往往被看作异类。这就会产生两种结果——要么被外界环境改变，适应环境；要么把自己封闭起来，同外界隔绝。

生活中，我们每个人每天都处在不同的系统里，人也就会不可避免地受到各种系统的影响。例如在宿舍，你会不会受舍友的影响晚睡晚起？会不会受专业喜好的影响而失去了为梦想拼搏的力量？据统计，喜欢抱怨的人周围一定有9个以上喜欢抱怨的人；离婚的女人，在离婚之前身边至少有2个离婚的朋友。所以，跟喜欢抱怨的人相处，只一起玩、逛街、吃饭，不聊天；和离婚的女人不聊情感，只聊职业或生活的某一方面。也许你之前根本没有在意过这些细节，但在今后请记住，如果你没有强大的力量来影响系统，就一定会被系统牵引。

系统还会给人安排各种角色。角色系统能否灵活转换也会影响人的生活状态和内心体验。比如有的男人很成功，走到哪里都有很多人捧着，他在外面也会不断散发自己的自信和霸气，被人称为"老板"或"老总"。这在事业的角色上就是对的。但是如果回到家里，他还是戴着"老板"或"老总"的面具，家人就会不舒服。这时候，他就应该戴上"老公""父亲""儿子"的面具，这样才能维系家庭的和谐，同时让自己舒服。

总之，系统是一个整体，你可以影响它，也可以被它影响。没有注意到系统力量的人，就会懵懵懂懂地生活着，也许会被一些说不清的问题困扰。这些问题困扰久了，人就会形成相对固定的自我对话。得觉咨询就是要帮助有系统问题困扰的人，注意到系统的力量，并加以调动和运用，进而修改自己的自我对话模式，让自己多一份应对事件的本领，进而更加主动地把握人生，获得快乐。

二、关系问题

现代人的生活方式过于专注人与人的关系。我们从出生到上学、工作、退休，一直需要处理太多人与人的关系，无论对方是家人还是朋友、同事、领导、客户等。不可否认，作为社会人，人际关系是我们必须处理好的重要事情，但是如果绝大多数的精力都陷在里面，就会有各种各样的身体和心理的问题产生，各种抑郁症也好，情绪的极端恶化也罢，甚至很多癌症都和人际关系处理不当有关。

我们都知道，土地种植了一年以后，肥力就会有所丧失，这就需要让土地休整一年或者种植其他的作物，这样下一年土地的肥力又将恢复。天地之间的规律其实也适用于人类，只是我们虽然能够总结，但是却不善于脱离群体生活方式而进行独立思考。我们把太多的精力花在人与人的关系上，不注重与自然的交流，也不注重和自己内心的对话，人生不均衡，各种负面能量引发的烦恼也自然会出现。

人的烦恼一般有四大来源：一是自己给的，二是他人给的，三是社会给的，四是自然给的。而这些烦恼的背后，无不渗透了自己与自己、自己与家人、自己与社会、自己与自然的关系。心理学研究证明，自己和自己的关系是一切关系的源头，而原生家庭是我们建立自己与自己关系的重要场所。

我们知道，孩子来到这个世界上是一张白纸，这张白纸进入一个家庭系统里，这个系统就像一个染缸一样，每一张白纸都必须而且是被迫地被这个染缸浸染，在形成价值观的前十几年里，他们一直被家庭系统浸染着。后来，在成长过程中，当他们有了独立意识，有了基本的世界观、人生观和价值观的时候，我们才发现，他们的潜意识里已经被原生家庭重重地打上了烙印。如果原生家庭的烙印是充满爱的，那他们就是个阳光、自信、上进、有责任、能担当的人；如果原生家庭的烙印是缺爱的、溺爱的、瞎爱的、乱爱的，那他们的爱的能力、价值观、心态就会不同程度地出现问题，他们被原生家庭给他们烙上的痕迹支配着。

下面举两个事例，进一步说明原生家庭是如何对个人人际关系产生影响的。

例一：父亲是一个商人，生活中比较勤快、节俭、善良、宽容，凡事让着母亲，父亲常说母亲给自己生了三个儿子，为家族立了大功。母亲比父亲小十岁，母亲爱整洁、细心、精干。在这样的家庭中成长起来的孩子，他们的自我是和谐的，自我对话也是积极的。日后，他们就会常记得别人对自己的好处，和周围人相处融洽。成立新家庭之后，对家人很尊重，特别是对爱人体贴入微，对孩子有耐心，不会乱发脾气及打骂孩子，凡事愿意自己悄悄地做，不愿指派别人干，人际关系好。

例二：父亲是旧军队的军医，母亲是家庭妇女。父亲有大男子主义，对老婆、孩子经常训斥甚至打骂，大家都很怕他。在这样的家庭中成长起来的孩子，他们的自我是矛盾的、纠结的，自我对话也常常是消极的、低自尊的。他们的大女儿在家里也不知不觉中学到了父亲的处事模式，经常训斥、打骂弟弟妹妹，成年后对自己的孩子也常发脾气，经常命令孩子做事。在单位也经常要求别人必须按她的意思办，听到反对的话就大动肝火，刻意树立自己在单位的权威。不尊重别人，办事武断，与单位同事的人际关系也比较紧张。

从上面的例子中，我们不难看出，孩子都受到了父母关系的重大影响，并给他们的自我认同留下了深深的烙印。因为人们在未成年前，"我"没有独立生活的能力，认知发展也不完善，必须依赖家人。"自"出于生存的本能，就会主动适应周围的环境，熟悉和模仿父母的生活和认知模式，久而久之就把早期父母的生活模式无意识地带到了自己成年后的生活中，并且自己还觉得是理所当然的。如果没有学习得觉，大多数人尚不能意识到原生家庭对自己人际关系产生过哪些好的影响和不良影响。

三、成长经历问题

人最初没有情绪只有本能，至少这个情绪并非我们现在意义上可以承载能量的情绪。同样，我们最初也是没有自我对话的，因为那个时候的"自"就是生存的本能而已，"我"是没有出现的。这时候的大脑是空的，就像刚出厂的硬盘，完全空白。所以要去装载系统，装载各种程序。

这个程序是谁来装的？是父母、老师、学校、社会装的。我们的成长就是一个不断安装、升级外界给我们的程序，同时由经历的事件衍生出自我理解的过程，并由此形成我们现在的自我对话模式。孩子在成长过程中，最初的程序装载是很重要的，它形成人最初的自我对话模式。

我们举一个例子，来说明一下成长经历问题。

幼儿园老师说，哪个小朋友来唱歌啊？

最后老师说，那小明你唱吧。

小明唱歌可能遇到以下情况：

A. 小明唱歌之后，小朋友异口同声称赞说，小明唱得太好了。小明内心就确认自己，出来一个自我对话：yes！

下次再选小朋友唱歌，小明就会很自信地毛遂自荐："我来唱！"

B. 小明唱歌之后，小朋友一致嘲笑说，哈哈哈，唱的什么嘛。小明又可能产生两种自我对话：

对话1：怎么搞的？怎么这么笨？好丢脸——退缩。

下次再选小朋友唱歌，小明就会很不自信地退缩："让别人唱吧。"

对话2：下次唱歌唱得好一点。回去一定勤加练习，唱出水平。

下次再选小朋友唱歌，小明重整旗鼓，大胆说："我来！"唱完之后，小朋友说："哇，唱得好！"小明获得自信。

得觉咨询如何看呢？对话1类型的人，看起来是退缩的，但没有好坏，退缩的人谨慎、感受细腻，也有他的可用之处，可能更适合静心过日子。对话2的人积极进取，不断成长，这种类型的人可以去做事业。这样能看出小明可以靠自己完成自我对话的和谐统一。

小明唱歌的经历也有可能造成小明在唱歌上的自卑心理，他的能量是郁积的。这种自我对话的不良后果就是由于成长过程中认知程序组装不正确导致的。

四、负性思维问题

负性思维，顾名思义，就是消极的想法，遇事总爱往坏处想，与积极思维相对。一个人长期习惯于负性思维模式会导致一定程度的心理问题和心理障碍。

得觉理论认为，在负性思维方式里，人的内在进行的是消极的自我对话，看到的是事物的负面信息，"自"出来的是负面情绪，"我"传递出去的是负能量。

有一位家长向咨询师请教说，提起孩子的问题就会纠结，母子沟通不好。儿子正读初中，个子很高，但总是被同学欺负。比如，每天都要到篮球场替人占位置，让别人打篮球。在这位家长看来，这就是儿子被人欺负了。

"还有呢？"咨询师问。

"很多，没有自信，没有安全感。我跟他说要有点脾气，别让同学使唤来使唤去，他不仅不听，还很抗拒……"

"那你觉得他对上学的态度是怎样的呢？"

"还好吧，这方面倒是挺正常的。"家长回答。

问题出在哪里呢？儿子显然是自我和谐的，出问题的是妈妈。儿子的行为被妈妈贴上了受欺负的标签。母子的思维侧重点不同。

同样面对一种情况，不同的人会给它贴上不同的标签，这是由我们大脑里的"程序"所决定的。这个"程序"不是固有的，而是成长过程中由我们所处的环境、教育等综合因素形成的结果。

人看到任何东西，都会由这个"程序"自动跳出来帮你贴标签。这是思维在起作用，乐观的人看到的大部分是正向的，悲观的人看到的都是负向的。

就像这位家长，她总是在强化负向的能量，不断进行这样的自我对话："我的儿子被欺负了，我的儿子被欺负了……"负面的能量强化得越多，就越没办法快乐起来。不仅她自己不快乐，还把这种负面的能量以负性情绪的形式传递给别人，最直接的接收者就是儿子。儿子感觉到母亲的负性能量，本能地用拒绝与母亲沟通的方式来保护自己。但对母亲来说，她的负性思维方式正在影响自己的生活系统。

五、创伤未处理的问题

创伤一般是指由外界因素造成的身体或心理的损害。如果一个人创伤后没有得到及时有效的处理，就会从"我"迁移到"自"中，成为日后心理问题和心理疾病的症结或根源。

提到心理创伤，我们通常会想到战争、洪水、地震、火灾及空难等，其实造成心理创伤的远远不只是这些强大的事件，还有我们日常生活中可能会长期经历的情绪忽视、情绪虐待、躯体虐待或者暴力。

比如，一个来自贫困山区的女孩，从小家里就非常穷，而且姊妹又多，父亲没有钱，根本养活不了她，只好把她抱给舅舅。舅舅家里也很穷，只是条件稍微比女孩家好一点而已。孩子来了又不能扔掉，只能将就着带。

但舅舅本身是个重男轻女的人，而且又始终觉得孩子来了，自己的生活负担加重了不少。于是除了对女孩很冷漠之外，还养成了一个习惯——从女孩小学三年级开始给她记账，把她吃的东西、用的东西记录下来，一天吃饭花了多少钱，买文具花了多少钱……一直记到高考结束考上大学为止。

连上大学之前借的钱都记到账本上，在女孩上大学报到的那一天，舅舅专门把所有的账本都翻出来，复印了一份给她。

从小在这样的家庭中长大，女孩因为不被接纳，很受伤。她最常用负性的自我对话来评判事件——她会觉得没有亲情，父亲的亲情感觉不到，舅舅的亲情更感觉不到。她很自卑，心里就只有恨。拿到账本，她的负性自我确认会更强烈，所以整个大学期间，她都是很抑郁的，对所有人都充满了敌视和防御心理。

在学校的人际关系很糟糕，从来都是独来独往。任何问题都会选择负性的一面，选择负性的防御、负性的逃避和负性的处理。负性情绪的价值也是自我保护，但是这种自我保护对个体的社会性来说是不好的。也正是因为如此，好几次女孩都跟同学闹得很厉害，甚至发生了十分严重的肢体冲突，最终被带到学生管理处。

在上述案例中，通过得觉咨询，我们帮助她处理和利用成长中的创伤，她开始有意识地升级自己的自我对话模式。比如，再遇到舅舅的账本递过来时，她的自我对话变为："这些年家里人确实为我付出太多了。我一定好好学习，努力回报他们。"通过这样积极的自我对话的过滤，这个原本对她造成心理创伤的负向能量，就会被正向利用，成为她人生成长中的重要动力之一。

六、生理问题

生理影响心理？心理影响生理？其实这两者是互相影响的，人们会因为开心而微笑，并且因为微笑而感到更加开心。得觉研究表明，典型的畏怯表情（如低头）会给人带来悲观思想，但如果向上看的话就不会那么悲观了。也就是说，只要将眼睛盯在地面上，就会更加抑郁，但只需将目光抬高一点，就会减轻抑郁情绪。所以，

"垂头丧气"还是有道理的，45度仰望天空不光能卖萌，还可以让大脑放空，给自己带来好心情。

但是，在现实生活中，常常有些人因为对生理问题的不接纳，如身高问题、体重问题、相貌问题等，出现很多负向的自我对话。时间长了，就开始变得越来越不自信，给自己贴上"自卑"的标签，有些人甚至心理扭曲，发生自残、自杀等极端事件。

现代医学研究指出，心理压力与许多疾病联系在一起，而且心情不好还会加重生理不适。例如，压力、焦虑和抑郁会导致睡眠障碍、消化不良、后背疼痛、头痛和疲劳等症状。

总之，生理问题会加重心理问题，反之亦然，这是一个恶性循环。因此，得觉在咨询的时候，不仅要帮助来访者治疗心理问题，还要建议来访者去医院做些检查，有些心理疾病需要配合药物治疗，这样两方面同时治疗，才会有好的效果。

第三节　得觉咨询的实施步骤

得觉咨询的最终目的是希望来访者能把咨询过程中的新知识、新经验和新体验应用到日常生活之中，促其健康发展、喜悦成长。得觉咨询是咨询双方共同成长的一个过程。得觉咨询可以分为五个部分，归纳为五个字，分别是系、注、时、拨、续。

一、系：建立关系，我定自安

建立关系是得觉咨询的第一步，关系是否建立的标准是看来访者有没有我定、自安。建立关系是整个咨询的基础。咨询师与来访者共同工作，相互影响。

得觉咨询师非常重视心理咨询的开局。跟来访者一起建立关系，是咨询工作当中的一个非常重要的内容。咨询师要主动与来访者共同坦诚地来完成建立关系的工作。得觉认为这个关系是"自"与"自"的关系，也是"我"与"我"的关系。它不仅仅是咨询师与来访者之间的关系，更是人与人的关系、平衡的关系、和谐的关系。

来访者和我们在一起的时候，我们要用尊重生命的态度，与来访者在一起工作。如果大家仅仅理解在咨询室里我们是咨询师与来访者之间的关系，那么咨询师的"我"便高高在上，这样的关系则变成了不对等的关系。从位置上看，咨询师"我"的位置就变得在上面，来访者就会无意识间屈居于下。

咨询师与来访者之间如果不是基于尊重的人和人之间的关系，你会在与来访者工作的初期，能够真实地看到并体验到来访者一直用他的"我"来与你沟通交流，而人在"我"的层面，传递的信息就有真有假。尊重和信任的关系没有建立起来，来访者会感觉到不安全、不稳定。来访者感觉别扭，咨询师也会很难受。

咨询师一旦从人与人之间最初、最简单的建立关系入手，人和人之间最本真的东西就显化出来了。不是纯粹的咨询师和来访者之间的关系，而是更加交心的互相信任的朋友关系。

在建立关系时，咨询师要心态平和、热情关切、服饰整洁、举止得体，甚至一个眼神、一个动作都要给来访者留下良好的第一印象。得觉特有的工作方法，就是咨询师要通过"我"的提问，不断给予来访者行为方面的"确认"，直到来访者的"自"感觉到安全为止。

尊重来访者的选择本身就是"确认"的开始。从来访者进入咨询室后，咨询师要先征求来访者的意见，再请其自行选择座位，选择好座位后，要再次询问座位舒适与否，并加以"确认"。坐好以后，再次询问并进行调整，确认后再次更换。"确认"不仅是语言上的，肢体语言以及语气语调也特别重要。一般这样的"确认"至少要有五次，最后才可能达到良好的效果。

我们所做的一切，就是要与来访者建立一个轻松的咨询氛围，通过不断地确认来访者的语言和眼神，进行点点滴滴的垒加。这时候来访者的"我"就会放下评判，"自"就会感受到鼓励和支持，并最终协同我们一起开启咨询工作。如果来访者的"我"一直是慌里慌张的，"自"平静不下来，咨询是无法启动的。

二、注：专注自我，心听信息

注的第一要务，是收集与来访者有关的资料，专注地与来访者在一起，通过倾听、观察、交谈等方式，了解对方的基本情况及存在的心理问题，简洁、具体地确定根源模式。例如，提问："请用12个字以内的一句话来描述你想解决的问题。"

用心倾听，用心看，观察肢体动作、语言语态等，还要用心说话，咨询过程是专注的过程，更是自我统一的得觉咨询师用身体与心专注工作的过程。

弄明白来访者的问题是确定心理咨询目标的基础。这一般比收集基本情况要复杂得多，因为来访者一般会心存顾虑，往往不愿直截了当地把面临的心理问题或成长问题如实地暴露出来，或是他们自己也弄不清问题的实质，只是感觉到困惑，希望立刻改变现状。

咨询师需要了解的心理问题涉及很多方面，要通过收集有关资料弄清心理问题的性质、持续时间及产生原因，并了解到支持来访者的动力源与资源在哪些方面。

咨询师还要自觉根据《精神卫生法》的相关要求，首先确认哪些问题不属于一般心理咨询能解决的，如属于器质性疾病，应及时介绍其到医院就诊；如属于精神疾病，应及时转送精神病院接受治疗；如属于障碍性心理问题，可介绍到综合医院开设的心理咨询门诊接受心理治疗。进而确定心理问题的类型，是属于情感问题，还是人际关系问题，或者是其他方面的问题，并进一步判断属于发展性问题、适应性问题，还是障碍性问题。

经过以上阶段的客观诊断后，得觉咨询便进入了解决问题阶段。咨询师需贴近来访者了解情况，与来访者共同讨论咨询目标，并想办法引领其走向目标。

咨询师要知晓，引发心理与行为问题的生物学因素有很多。要能分清哪些是病理的，不属于心理咨询的范畴。比如，病理性焦虑不是由情绪产生的，它源自身体器官的病变。分辨起来也很简单，就是会无缘无故地感到心慌、心悸、血压升高、胸闷等，可能还会觉得恐惧。但来访者说不出近段时间为什么会焦虑，既没有外在的事件刺激，也没有内在信息的诱发。如果非要找个刺激，有可能是看到任何事情都会让自己焦虑，也可能是因为某种所谓的"大灾难"而感到恐慌。偶尔出现这样的情况是正常的，不必过于担心。但是如果来访者经常出现这种无内外刺激、刺激事件式泛化，以及毫无来由的焦虑，那就要关注一下自己的身体了，最好去医院检查，配合一些药物治疗。

三、时：把握时机，寻找窗口

在有效的咨询时间内，等待时机是非常重要的。得觉咨询师要善于抓住时机，等待对方的心窗打开。此时，我们会看到对方心灵的开关。只有心窗打开时，我们才会看到按钮，才能开启新的程序。

我们在咨询工作中还要学会抓住时机和关键词。在得觉咨询中，抓住启动来访者行为变化的关键词很重要，这是能够及时有效地启动程序的开关，通过一句关键的话语，就可以启动来访者内心不一样的行为。而与原来不一样的行为一旦启动，并且这个行为是使来访者产生动力的行为，就是有效的咨询。启动自我开关的关键词，比任何一个鼓励都好，我们只有等到对方心窗打开时，才能看到按钮。

得觉完全来自东方文化体系，东方文化里面理解自我、体验自我，共通的东西很多。在东方文化中，人有两类创造：一类创造是向外的，叫成物，即向外去创造。可以著书立传，可以有伟大的发明，这些都叫成物。向外的，其实就是拿着"我"出去工作的成就，叫"我"秀。另一类叫成己，成于内在的，这样的创造可能并不太看得出来，但它是一种内在的精神层面的成就。

成物和成己是辩证统一的关系，也是顺其自然的关系。得觉发现，成了物也就成了己。如一个人在著书立传的过程里面，他逐渐累积起来的学识、知识、智慧、思维，外显成物，同时也成就了己，己因外显的成就而丰盈，成物的过程中也就成就了己。同时，一个成己很棒的人，有一个非常好的道德修养，以一种内修的、内涵的、圆通的、圆融的、清明的状态，再去跟别人外在进行互动的时候，可能一句话就能点醒梦中人。也就是说，成了己，更容易向外成物，对外互动的结果会特别好。

在东方文化这样的根基下，成物与成己是相通的。生活中有各种各样的例子、情境，可以让我们去发觉、去体验、去分析、去专注，或者去澄清我们的自我关系。成物与成己的关系可以类比自我的关系，自我关系里又可以类比来访者个体内的自我，与咨询师和来访者的自我之间的关系。

运用得觉自我理论，得觉咨询师将能觉察来访者的自我对话，由此心理咨询的自我评估工作顺利完成。通过与来访者共同确认咨询目标，来访者可以清楚地看到自己的变化，从而认识到得觉心理咨询在自我成长中所发挥的作用。咨询双方也可以借此评价咨询方案的适用性以及确定心理咨询的进展程度。

四、拨：拨动心弦，启动动力

一个人的生存动力有可能是仇恨，也有可能是爱，要找到生命的目的——引领来访者在生活里面生根，找到其在生活里的连接、支持和动力源。

动力源是指引起和维持个体活动，并使活动朝向某一目标的内部源源不断的动力支持。动力源是一种刺激，是支持个人行为的能量，我们称行为背后的力量叫动力源。动力源与需求紧密相连。生理需求与心理需求是人类活动的基本动力源，我们深切地明白动力源就是推动个体活动的有效力量。

根据动力源的起源，动力源可分为内在动力源和外在动力源。内在动力源是与人的生理需要相联系的，具有先天性，受外在环境条件所制约。外在动力源是与人的外在需要相联系的，是后天习得的，如关系动力源、学习动力源、成就动力源等。

得觉自我对话就是找到来访者的动力源，并确认来访者求助的动力以什么作为能源。比如，人的动力源可以是生存的需求、本能的需求、梦想的需求、情感的需求、使命的需求、虚荣的需求，无论是什么需求，都由一种冥冥中的感觉带领自己，这种冥冥中的感觉就是最本质的动力源。同时要找到这个动力源的开关，有了动力源，有了开关，就知道加什么原料以及如何往里加了。

五、续：嫁接开关，持续成长

"续"是咨询中非常重要的环节。俗话说得好，编筐编篓全在收口。得觉咨询效果好不好，在很大程度上取决来访者后期日常生活是否有变化，或者说这个新变化是否能持续。续，主要是指咨询师一旦帮助来访者启动动力源，则应立即嫁接开关，并重复确认，将其日常行为习惯转换成持续变化的启动点。

得觉咨询的过程，就是不断确认来访者变化与成长的过程。咨询师灵活运用鼓励、引领与交流，对来访者的积极变化给予真诚的表扬、鼓励和支持，增强来访者的自信，促进其积极行为模式的增长；可以直接引领来访者做某件事、重复说某些话，或以某种行为方式行动；可以通过交流，使来访者从一个全新的、全面的、系统的角度观察自己、面对自己的问题，重新认识自己及周围的环境，从而提高认知能力，促进其自我对话的完善和问题的解决。

经过咨询双方的共同努力，共同达到既定的咨询目标后，要多次确认效果。确认已取得的咨询效果，是结束咨询之前必须完成的一项任务。

一般情况下，确认咨询效果的具体工作程序如下：

一是咨询师应向来访者指出其已经取得的进步，再次确认双方在开始时确定达成的咨询目标，确认已基本达成此项预期目标。咨询师和来访者对此达成共识。来访者认识到自己的进步，对来访者本身不仅是巨大的鼓舞，也是一种良性暗示，也预示着心理咨询即将结束，来访者要对此做好心理准备。

二是咨询师要确认来访者已有的进步，鼓励将获得的经验运用到日常生活中去，并逐步稳定、内化为来访者的观念、行为模式和自身能力，使之能独立有效地适应环境。

此外，为了了解来访者能否运用获得的经验以适应环境，进而最终了解整个咨询过程是否成功，咨询师还可以对来访者进行后续了解。后续了解应在咨询基本结束后的一定时期内进行，约请来访者定期面谈。咨询师与来访者面谈是直接了解咨询效果的有效方式。这种方式获得的信息量大，容易深入，也便于咨询师及时察觉问题，并适时予以进一步引导。

第四节　得觉咨询常用的引导技巧

得觉咨询旨在帮助人唤醒内在潜藏的力量，同时置换掉负面因素，把纠缠于日常生活尘埃中平凡的自我洗濯出来，用纯粹、纯净的自我原生态完成一系列能量的积累，从自己内心深处和最高层次上去寻找进步和奉献的动力，以更快的速度，在更大意义上实现自己的人生价值，并且享受一如既往的安宁心境，从而拥抱美好的人生。

得觉咨询常用的引导技巧主要有以下七个方面。

一、看点：问题导向和发展导向

在传统心理咨询和治疗的过程中，咨询师和治疗师一般习惯于在来访者的心理缺陷或者伤痛等消极的模式中寻找解决问题的方法。这种以问题为导向的咨询，常常会让来访者把关注点放在咨询师对他们问题的分析上，而忽略了自身该如何行动来解决这个问题。

得觉咨询是一种生命咨询。得觉咨询不会仅仅就问题剖析问题，而是常常将现代心理学的发展成果与易经、阴阳理论等中国传统文化要素结合在一起，综合运用得觉思维，引导来访者发现并运用自身的优势资源，积极行动起来，而不是躺在所谓的问题和劣势上，自怨自艾。

得觉咨询师在生活中咨询。很多时候用自我理论一下就可以看到问题最核心的那个点，但得觉咨询不像传统心理咨询那样，在很多时候直接去解决那个问题，而是让来访者自己去看到这个问题，用自己的力量去处理它。

比如下面这个咨询案例：

有一个姓丁的女士前来咨询，她说："老师，帮帮我，我现在非常气愤，气我大哥。"

这时，老师说："发生什么事情了？"

丁女士说："我没工作几年，前年才结婚，虽然没有孩子，但还得还房贷，每个月的收入大部分用于还贷了。父母退休，准备在城里买一个房子，需要六十万，但他们还差三十万。我自己的力量不足，我想尽办法，到处借钱，给父母凑了二十万，我希望剩下的十万由我大哥帮助。可大哥说出一大堆理由，表示自己很困难。他也没有说不给钱，可就是没有出钱。大哥的条件比我好得多，可他就是没有给一分钱，这让我非常气愤。"

老师直接问她："你父母是否认为你哥不孝顺，并与他断绝了亲子关系？"

丁女士说："没有。可能在父母心里亲情还是比金钱重要吧。他们并没有因为大儿子没有出钱，而断绝了亲子关系。"

所以老师直截了当地点出来，老师说："你气愤你哥不孝顺，是因为你哥比你条件好，却没有给父母一分钱。其实，你是自私的，是你自私的内心在作怪，你哥比你更自私，但他比你诚实，他不想给父母钱，他就死活不给父母钱，这才是你最气愤的原因，对不对？你自私，可是你不敢承认自己自私，只能拿你哥泄愤。"

丁女士听完这段话后很不舒服，但也不知道如何反驳老师。

实际上在这里，老师用了一个最核心的感受点，那就是丁女士认为她哥自私，不孝顺是表面的，自私才是她核心里的东西。

老师直截了当说自私，把她和哥放在一条路上，只是老师说了她大哥比她更自私，其实这是一个看点，这是一个预设的内知的感觉，我们把这个感觉点先放在一条路上、一根弦上，这个时候弹不出来东西，才会引起共振。

如果我们把它放在另外一个价值取向里，说她哥自私，不应该这样，从这样的角度，实际上她就没办法成长了。她还会固化她预设的概念，以后的生活中遇见类似的事情，她同样会用预设的概念去处理这些问题。

长此已往，类似的事情，她都没办法处理它，还会产生类似的气愤，无论是在单位，还是在今后的生活中。但老师把它们放在一条线上，说她也很自私，这件事情就好处理了，这就是得觉独有的看点和独有的处理方法。

（一）问题导向——不往后提问，向前提问

得觉理论认为，现在在过去的决定里，未来在当下的决定里。以问题导向提问，不是要与来访者继续探讨过去已经发生的问题，甚至回溯过去，让人在痛苦中治愈，而是要通过向前提问，看来访者的信与念固守在哪里，再适时适度地加以引导。

得觉咨询是了解人的念的工作过程，抓住念的头，通过有效的提问技巧触及生命本原的动力点，帮助人升级内心自我对话的模式，建立快乐的思维模式，即在大脑中组建正念机制。

得觉咨询师在工作中善于帮助来访者找到自己念的提问方式和"我"的说话习惯。如果人在一个时刻产生的五个念中有三个是过去的，那么这个人就是转身向后的，这个人的念就太在意回忆了，需要用"我"的语言来改变念的内容，重复确认，增加跟未来有关的内容并延长这些内容所需要耗费的时间；如果这个人产生的念有三个以上是现在的，那这个人也要用"我"来改变，但是此时"我"的语言只需要确认跟未来有关系的积极内容；如果这个人的念里有三个以上是未来的，那么这个人的念就是正念，正念就无需对话，只需要确认就是了。

"我"说给念的确认方式一定要符合念的提问方式和提问的句型，这种方式和句型是念长期的一个习惯，不被它自己觉知，得觉通过不断地梳理就可以清晰地知道在这些提问的方式和句型中，可被我们运用和嫁接的关键点。我们利用"我"反复地说出可以连接的关键词，转换语句，就可以将情绪能量转换。比如念不断地产生的话是"好烦哦"，这是一个三字词，音调是"平—升—平"，这时候应该用嘴巴说出来一个三字词，让念听到，这个三字词可以是：A "管它的"，音调是"平—升—降"；B "又怎样"，音调是"降—升—降"；C "做点啥?"音调是"降—平—升"……

A "管它的"是暂停词，让大脑的自我对话停止，人的注意力就可以跳到其他的领域。

B"又怎样"是一个安抚情绪的词，当自听到这三个字时，就会觉得自己不需要承担责任了，于是"我"就放下了，情绪所带来的感受也就放下了，不舒服的感觉也就减轻了，或者说化解了。

C"做点啥?"是直接给予行为的指令，让自我对话停止，主动地将对话从单一的思考转换到行动上，引导人产生行为，使人动起来，动起来情绪也就没有了。

（二）发展导向——目标引领

现代心理学研究证明，人的关注点在哪里，结果就在哪里。比如，面对"我很痛苦，我该怎么办?"这样一个自我对话，坚持"问题导向"思维的人，他们的关注点常常放在"我很痛苦"这前半句上，而坚持"发展导向"思维的人，他们的关注点则更多放在"我该怎么办"这后半句上。

得觉咨询最核心的方法是修炼人的自我对话。和谐的自我对话表现为遇事的时候能积极地面对，不是说服自己，而是找到未来。不是找到做事的理由，而是获得积极的动力点，让自己积极地面对。这个时候人展示出的行为是张弛有度的，符合现实并能够顺应现实，也不会因为别人的猜测、评判或者怀疑而感到纠结。

当得觉对话系统建立起来，这种对话模式使得对话者主动积极地调适自己，迅速回归到一个不带面具的真实自我，这个时候"自"起到主导作用，不太受到周围环境的影响和干扰。外人看这种人，会认为他是一个简单的人，有时候似乎没有头脑，但又觉得很聪明，有些时候处理事情会很智慧、很真实。这种人在人群中往往会不知不觉逐步成为核心，因为人们可以从他那里接收到正向的力量。

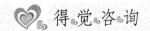

二、着力点：寻找当下动力源

得觉理论认为，自我对话是人成长过程中累计的"念"，反映了人内心深处对自我的判断和期望。抓住"念"的头，找到这个动力源，也就找到了咨询开展的着力点，从而实现咨询目标。

念是"自"产生的，不停地进行着自我对话。长期进行下去，人会有自己习惯的思维，形成思维定式，尤其是成人。传统的咨询在做修改甚至删除思维定式的工作，这对来访者来说是不情愿的，会增加纠结，咨询的效果难以保证。

得觉咨询能抓住"念"的头，这是念的程序里最核心的东西——情。得觉咨询就是从念的源头上，找到咨询的动力源，顺应情的自然流动从而达成咨询目标。寻找动力源的方法是在与来访者互动过程中觉察并及时捕捉他的自我对话中阳光积极的点。

得觉发现，人在自然流动的情里说话的时候，会享受感觉，而忘了自己说的内容，这时候人处在积极美好的生命状态里，而我们的大脑一直在用我们喜欢的词。捕捉来访者说的关键词，就能判断它携带的动力点的信息，我们及时以他说话的模式确认、再确认，就会被他的内心收到，就能帮助他建立积极的自我对话模式。比如来访者有一个口头禅"太好了"，我们把它改成"很好"，他就收不到，如果我们说"太好了"，他就收到了。

来访者在说话的时候，携带动力源的话往往出现在四个点：

第一，呼吸平静的点。

第二，说话的时候眼睛发亮的点。

第三，瞬间回归到儿化状态，即从成人状态变成儿童状态的点。

第四，从纠结、压力、冲突、伤痛、不服输等也可以找动力源。

例如，在一次得觉咨询师课程中，一位咨询师学员来求助。

学员："老师，您好。有时咨询中容易受到来访者负面能量的伤害，怎么处理？"

咨询师："类似这样的事情，你大脑里会有一个念，也就是内心的自我对话。它说得最多的一句话是什么？"

学员："它让我不舒服。"

咨询师："我们要改变，如果把'不舒服'这三个字换掉，你会换成什么？"

学员："舒服了。"

咨询师："好，我们其他学员一起来说'不舒服'，你自己说'舒服了'，要说出声音。"

经过九遍对话，学员大声喊出"舒服了"。我这时问她的感受，她笑着说："舒服了。"

这里咨询师就抓住了她的动力点，用了得觉催眠里重叠的技巧，将正念植入她的思维程序。当她内心自动的念"不舒服"出来的时候，在她的大脑里有一个念的运动一直在走，接着大声说"舒服了"。"舒服了"这个词是携带她动力源信息的词，可以被她直接收到，然后大脑的念继续运动，"舒服了"跟着并踩着前面的节奏，在她还没回过神来去体会那个不舒服的感觉的时候，直接就体会到舒服了的感觉。吼出声音来，让其嘴巴里的语言重复，是一个非常强的停止念的技巧。

三、走向：平面人生——立体人生

生活本应是五彩的，因为社会是五彩的，自然是五彩的。每个人的生活都可以包括六个系统——健康、家庭、朋友、娱乐、事业、奉献，如图 2－1 所示。

许多出现心理困扰的人往往一味地做一件事情，只追寻单一的内容，让自己的生活变成单一的生活，人生就开始无聊了，生活伴随着情绪，随之而来的就是各种困扰和麻烦。生活应该是丰富而立体的，得觉咨询就是让人回归生活，看到生活的立体和丰富，感受到生活的各种滋味，丰富自身的体验，扩大人生的格局。

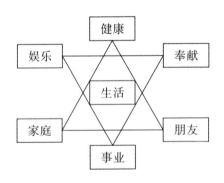

图 2－1　生活的六个系统

人生多种多样，欢乐幽默或愁苦抑郁，成功充实或平淡无奇，丰富多彩或单调乏味。拥有怎样的人生，拥有多大的"人生容积"，不是父母所遗传，也不是他人所赠与。立体的人生，全靠我们自己去创造。懂得了这一点，人人都能争取更大的"人生容积"，人人都能创造一个充满欢乐、拥有成功、丰富多彩的人生。

要立体地看待孩子，把孩子放到生活里，教会孩子过立体人生。通过什么来实现呢？最直接的办法就是父母的引导。现在很多家长一味看孩子的成绩，认为学习好就是成绩好，这是片面的。孩子成绩好，仅仅是因为孩子会考试，现在的教育就是应试教育。学习好应该是多方面的、立体的。要让孩子关心自己的身体健康，关心家庭，懂得交友，懂得责任，善于管理财富，这才是孩子的立体人生。成绩的事情交给老师去做，家长应该做的，是培养孩子的各种能力，包括核心能力（85%）和行业能力（15%）。

核心能力包括情绪处理能力、团队合作能力、创新能力、领导能力。这些能力才是孩子一生得到幸福的最重要因素；而行业能力在人的一生中仅仅占15%，包括知识、技能、思维、习惯等，这些能力的培养是学校的责任。其中，一个人处理情绪的能力，足以决定他一生是否成功。所以，家长要做的，就是要把最积极、最灿烂、最阳光的话语说给孩子，比如"儿子真棒"或"有个女儿真好"。把孩子放进丰富的生活里的时候，孩子的天地自然广阔，人生也自然立体，积极生活的能力自然提高。

四、状态：融入场景

让来访者融入事件发生时的场景是咨询中比较常见的一种方法。在这个过程中，咨询师要试着将自己融入来访者的感觉世界中，设身处地地从来访者的立场去看问题，并帮助来访者放松下来。

比如，汶川地震发生时，咨询师曾做过一个电话咨询。有一个15岁的少年王某某，在地震中一下失去了6位亲人，其中包括和他很亲的外公、外婆和小舅舅。一直住校的王某某再也不愿意回家，"还回去做什么？亲人都死完了！"地震让这个15岁的少年心理充满恐惧。从此，这个学习成绩一直名列前茅的少年对什么事都感到厌倦无味，并且把自己封闭起来，不想和别人交流。

在准备开始电话咨询时，咨询师坐在自己的办公室里，孩子则坐在青川部队驻地安置点帐篷的床上。按约定的时间，咨询师拨通孩子的电话。

"你好，王某某，我觉得你这名字挺好的。"咨询师和缓地向孩子发出指令："闭着眼睛，把坐在床上的造型描述给我。你坐在床的哪个位置，腿是否悬空？右手接电话，左手是怎么放的？"交流的同时咨询师做着记录。

"如果让你闻花香，希望是什么花？""菊花。""那想想闻到菊花的感觉。开始吸气、吐气，肩膀放松。"咨询师对着电话做着吸气、吐气。电话的那一端，王某某闭着眼睛，手拿电话慢慢躺在了床上。"现在你脑袋里想一个颜色？""黄色。""脑海中想到的自然界物体？""树和花。"

"从现在退回去，想一件过去的事情。"孩子开始描述地震时那一幕："当时 8 个人，都在那里。轰轰的声音，床在跳，我以为是同学在玩……"

25 分钟后，"你还感觉到哪里累？"咨询师继续引导着王某某。"心累。"在青川的帐篷里，王某某将左手握成了拳头，放在胸口上。

"跟着我念，王、某、某……某、某、王……某、某、王……"咨询师闭起眼睛，一手撑着头，声音低下去。"现在，静静地听我说话，我让你回答就回答。"咨询师低声描述着："再继续想一棵大树，慢慢抱着大树，然后靠着大树，享受所看到的这一切。你看到一片黄灿灿的菊花，遍地都是，静静吸着花香。想一个你最重要的东西，把自己放在梦想的画面里。"

"你完全放松了，"咨询师闭上眼睛，似乎也睡了过去，仿佛梦中呓语，"我会让你有 5 分钟的休息时间，去感受人间的一切快乐和痛苦。"

"你现在非常放松，我倒数 3 声，立刻丢掉电话，让自己好好睡 5 分钟。"咨询师突然声音又低下来了，"你需要休息，因为太疲惫了。5 分钟后，你会自己醒过来。"此时，王某某松开电话睡着了。

几分钟后，经过催眠后的王某某有了惊人的变化：脸色红润，情绪非常好。王某某高兴地说："很喜欢和格桑老师说话。"

在这次咨询中，咨询师借用融入场景的方式为这位少年做了催眠咨询。在电话咨询中咨询师无法观察对方的表情和动作，只能通过把握对方的语气来引导当事人，了解他当下的感受。咨询师的思维、语言须与当事人同步，去同步感觉那边孩子的呼吸、心理。

融入场景要注意五个交流要点：一是说话速度要跟来访者一样；二是咨询师与来访者对话时，每句话都要加入"太好了""我能行"；三是咨询师与来访者在一起时，要说"我们"；四是尽量不要正面面对着来访者，让他站在左侧，让他心里产生"我帮你"的概念；五是如果来访者说了消极的话，不要否定他，逐渐把负面情绪转化为正面力量。

五、感受：轻松自然

轻松自然就是让来访者把过去和未来先暂时放下，活在此时此刻，用当下的空间去捕捉信息。这时"我"表达出的是信，"自"感受到的是念，"自"的念是要靠"我"表达出来、传输出来的，我们是可以收得到、感觉到的。在咨询引导中，要专注当下，顺势而入，我们就可以感受到得觉咨询的简单与智慧。

举个例子，在汶川地震期间，一位老朋友来采访，她是个评判心很重的人，是一个很"我"的人。她觉得笔者说的很多话是很智慧的、很有道理的，但始终没有一个很深的感悟。她也一直期盼有一个很深的感悟。

那天她坐笔者的车，我们一起去了都江堰。她坐在副驾驶的位置上。到了，我们下车。她侧身跟笔者说："请开一下门。"因为她已经拉了一下扶手，门没有开。我对她说："再拉一下。"于是她又拉了一下，门开了。她就很惊奇地对我说："你的这个车门，需要拉两下啊。""是的，成功在于重复。"她一听笔者说这句话，惊呆啦！连说好几句："太好了，太好了。"

在不经意的一个生活场景中，笔者把这样的话，用一种特殊的方式，通过她的"自"植入了她的内心深处。这个过程是轻松的、自然的。她觉得这种感觉真好，是入心入脑的、清晰的、醒脑的、深刻的，有幸福的感觉。她觉得很幸福，有顿悟的感觉，整个过程不足三秒钟。那是因为笔者看到她把"我"放下，瞬间，这句话就自然地出来了。而恰恰这句话，契合她一生一直想追寻成功却由于没有重复而留下的遗憾。

轻松自然可以感受到深刻的内在，关键是要捕捉和把握到这一个点，这需要引导者必须具备丰富的生活阅历和很深的文化沉淀。

六、替代：用行为替换思维

在得觉三顺（顺事、顺时、顺变）理念的指导下，得觉咨询关注来访者当下的状态，不做回头填补空洞的工作，只做当下的工作，关注此时此刻可以用什么样的资源。如果此时此刻他可以用恨往前走，我们让他带着恨往前走；如果此时此刻他可以用爱往前走，我们让他带着爱往前走。关键是来访者要有往前走的动力。补洞可以顺便补，不单独专门去补。过去的东西实际上是给他内心找一个说法而已。说法只是一种觉知状态，行动才会有效。在得觉咨询中，经常用的技巧是行为替换思维，并将思维具体化、行为化、形象化，进而用习惯的行为替换习惯的思维，从而帮助来访者实现咨询目标。

比如，在一次咨询中，咨询师说："你把你想扔的东西扔掉。"这时来访者扔掉了代表负向能量的披肩，接着咨询师引导他进入更深的体验，帮助他增强信心，专注在重要的专一的目标里。咨询师让他把一直做的几个目标写在三张小纸条上，然后揉成团放在左手手心里，将左手高高举过头顶，这时让他去感觉，无论有没有感觉。这时让他用右手取走其中一个纸团，握在右手中放在后腰命门处，细细地体会身体的感觉。在听到指令"3、2、1"，"1"的时候将手中的纸团扔出，绝大部分的来访者会将左右手的都扔掉，极少数人会留下右手的不扔，整个过程是从"我"到"自"又从"自"到"我"的过程。我们选择左手是为了调动"自"的感觉，而右手对应大脑的逻辑思维，若用右手的话他会以思考为主而淡化感觉。此时咨询师不需要来访者思考，而是让他去感觉。思考会让来访者回到"我"里，回到"我"里就又掉进自己的程序里：在自己的程序里他可能会想我为什么扔呢？实在要扔我是举高一点扔呢，还是举低一点扔？是成抛物线扔出去呢，还是直接扔在地上……有些喜欢思考、思考力强的人，甚至还会想上半天。外人搞不定他已经启动的程序，程序的停止或修改都得靠来访者自己去搞定。咨询师面对来访者，这时候如果静下心，去感受来访者的感觉，能感觉到这些程序的存在，感觉到但不需要把这些感觉拿出来讨论，这不是最重要的。

咨询师所做的就是鼓励他做出"扔"的动作，要的是身体从紧张到舒展的这个过程，在这个过程中，停止"我"的思维，直接进入体感。所以咨询师让来访者用左手扔，降低思考和评判，用行动去体会一直存在但被忽略的感觉。这是用行为替换思维去体会当下感觉的过程。

人对身体的感觉会有记忆，所以停止负向的思维程序，升级念就可以靠行动。在上述案例中不用左手，用身体其他部位也可以，比如头、脚。咨询中最核心的是让他的体感改变，记住这个舒展、自信的感觉，替换掉身体内原有的记忆。体感、触感变了，能量通道就打开了。

能量一旦流动起来，负的东西就会出去，正能量就会进来，看问题的思维模式和视点就会转变。如同一个生活在内陆的人去看大海，会觉得心胸一下子开阔起来了，原来困扰自己的事情仿佛瞬间消失了；或者一个很少抬头看天的人，躺在草坪上看着头上的浩瀚星空，他负责存储事件的"我"就放下了，"自"就跳出来和自然的能量连接在一起，心情也会一下子变得轻松。

七、自我：顺应自然的流动

自然界是流动的，云在动，风在动，花草虫鱼在动，生生不息。流动是自然界的规律。生活最永恒不变的是变化。人当效法自然，让心也流动，不固着，不执念。人的一生中，生命的能量可能会在某个阶段打结，致使生活不顺畅。如果一个人过往的习惯、思维、认知、价值观太过牢固，不知变通就容易产生固着，出现各种生活问题或心理困扰。一个人过往的思维习惯成就了他现在的样子，一直重复过去的思维，就和现在没什么区别，在现在的思维下多一点点快乐的思维，人就多了跳出困扰和纠结的力量，生活就不一样了。

例如，有一个女大学生，爱上了一个男生。可是，这场恋爱却给她带来了莫大的烦恼，因为她只要一跟男朋友单独相处，就会吞口水，大口大口地吞，而且弄出很大的响声。为此，她很烦恼，来找老师做咨询。老师给她提了一系列的问题：

你想谈一场什么样的恋爱？

你想不想谈一场不一样的恋爱？

你与那些谈恋爱的同学是怎样交流的？

你有没有尝试用写情书来交流？

吞口水的问题什么时候最严重？

看对方眼睛的时候吞口水，如果肩并肩呢？背靠背呢？

……

用一连串的问题引导她，转移她的视线，让她的思维流动起来，不固定在一个点上。这就是得觉咨询中解决问题独有的方式，调整关注点，让自我流动起来，问题就不再是问题。

咨询师要去改变来访者原本的思维是很困难的。得觉咨询师不是修理者，而是见证者、观察者。得觉咨询做的就是还原生命的本质，回归生命自然流动的状态，让人的能量流动起来，不固执、不凝滞。得觉咨询师可以给人的内心增加新鲜的东西，人的"念"头里最表层的东西就是趋向采纳新奇有趣的内容。得觉咨询在很多时候都会抓住停止"念"和转变"念"的这个特点，给"念"植入一个新的看点，或让"念"产生新的感觉，然后会覆盖原有的负向的

"念"，并不断让来访者体会这种新的感觉，调动身心的各种可用资源，记住这个感觉并重复，直到新的思维程序能自动运行，人的生活就会朝向好的、接纳的、快乐的、幸福的、喜悦的方向发生变化。

就像一个人如果要养成一个新习惯，不是要改变一个旧习惯，而是让新习惯开始一点一点成为生活里的内容。人们会说坚持早起，但没有人会说坚持睡懒觉，因为睡懒觉已经成为一个习惯。那怎么样才能早起呢？不是去改变睡懒觉的习惯，而是在十天里边有一天比原来早起一会儿，出去看到鸟了，出去呼吸新鲜空气了，于是会有一个崭新的诱惑出来，自己会慢慢地早起一点，再早一点，所以这种改变是一个自发而渐变的过程。

得觉咨询面对人固定的思维模式，会有各种技巧和方法来帮助来访者打破思维定式，建立流动的自我对话机制，享受更加丰富立体的生活。得觉咨询本身就不是一成不变的，而是有着丰富的咨询技巧，幽默的、打岔的、引导的、暗示的……得觉咨询的方式是"动"的方式、软化的方式、覆盖的方式，得觉咨询本身就是自然流动的。

得觉咨询用这种引导方法让自我灵动起来，使来访者意识到每天都有很多新奇好玩的事，生活处处都充满了乐趣。得觉咨询师把来访者带到一个更好的状态，咨询师自身也能够品尝到那种乐趣。学习得觉咨询并把得觉咨询运用到立体的生活中，顺应流动的自然，我们自身会感受到来自生活和自然的博大支持。

第五节　得觉咨询常用的思维方法

得觉是简单的智慧，是喜悦的智慧。得觉咨询根植于中国传统文化和生活智慧之中，总结出了十种思维方法，也叫"格桑思维"（或得觉思维）。

一、阳性思维法

得觉理论认为，所有发生的事都是该发生的，因为已经发生了，所以都是好事，如果还不是好事，说明还不到最后。

得觉的思维方式，把创伤和问题当作成长的资源。面对已经产生的问题，不去追问"为什么"，也不去抱怨"为什么受伤的总是我"，得觉会问："这件事对我有什么好处？""我怎么做，可以走出来？"善于从正向的角度看待已经产生的问题，善于提正向的问题，这种思维方法称为阳性思维法或正向思维法。

二、快乐冲洗法

得觉理论认为，小孩子很容易"破涕而笑"，而成年人一旦陷入悲伤、痛苦的情绪中，就很难在短时间内释然。其实，每个人的内心都像是一座巨大的仓库，存放着各种各样的情绪。而感觉则像一个小小的玻璃杯，只能盛放着某一种或有数的几种情绪。

在心理咨询和调适中，处理来访者情绪是很重要的，如果我们能够像孩子那样快速地转移情绪，让快乐的情绪增加，痛苦的体验自然就少了，心理问题的发生率也就大大降低了。

善于用增加受助者快乐体验的方式来减轻其痛苦，如同沐浴时热水划过身体，寒冷被温暖取代的过程。这种增加受助者快乐体验的思维方法称为快乐冲洗法。

三、平行思维法

得觉理论认为，"自"在接收信息时，收到的信息往往是片段式的。比如，有三句话："今天天气很热。""天气预报说可能下雨，不知道准不准。""下了雨就会很凉快。""自"接收到的信息可能是："天气很热，下雨会凉快。"

"自"片段式的接收方法还有一个特点，即更容易记住最后的信息，最后的信息引发"自"的感觉还会持续。这给我们带来哪些启示呢？有时候你对某件事情或某句话生气，很可能是因为你"自"之中接收到了片段的信息引发"自"的不舒服感觉，而且很有可能只是最后的单个信息，而不是全部的信息。

得觉总结发现，当我们生气的时候，可以让自己的思维与讲话者平行，留出你接收到的信息中空白的部分，告诉自己："也许，我还没有完全明白他的意思。"这种思维称为平行思维法。

当了解"自"接收信息的特点之后，我们就可以思考一下，在与他人交流时，怎么样的说法可以让他接收到你最积极的部分。通常最简单的方法是把不好听的话说在前面，好听的话说在后面，如通常我们会说"你好美哦！但要注意哦，这里长了个雀斑"。用平行思维法会说"你长了个雀斑，要注意哦。不过怎么看你都那么美"。

四、多向看待法

得觉理论认为，许多引起困惑的事情，其令人困惑的点并非事件本身，而是因为我们的标准太单一了。例如，现实生活中，不是东西很容易弄乱，而是我们心理对于"乱"的定义很多，但对于"整齐"的定义却很少，甚至只有一个。

所以，在遇到困难的时候，不妨将内心固有的"标准"放宽一点，从不同的角度和维度来看事情，就会发现问题其实很好解决。这种多角度、多维度看待问题的方法，称为多向看待法。

五、自我提升法

得觉理论认为：当"自"与"我"对某件事的看法达成共识时，我们就会做出相应的判断或决定，积极地往前走；当"自"与"我"产生相互抵触的认知，无法统一时，我们就会犹豫不决、否定、评判等，许多负向的情绪因此而产生。

自我提升法就是将受助者从"自"与"我"的对话中提升上去，从高处重新审视自己的目标，找到有效的解决方法。

自我提升法通常有三个步骤：第一步是身体脱离现场，第二步是情感脱离现场，第三步是给自己一个新的目标。

六、暂时回避法

得觉理论认为，有些问题，我们很难在短时间内解决。此时，不妨将问题先放下，做自己当下能做的事情。得觉理论将其总结归纳为："迷，则行醒事；明，则择事而行。"这句话的意思是，当我们看不清楚未来时，把眼前清楚的、能做的、该做的事情先做好；当我们看得清楚未来时，选择性地把眼前的事情做好，直奔目标。

这种遇到一时无法解决的事情时，先心平气和地把眼前该做和能做的事做好，待自己看清楚未来的时候，再继续行动并解决问题的方法，称为暂时回避法。

七、角色转换法

得觉理论认为，人们会很固化地体验和重复自己长期拥有的社会角色，就像是固着在身体上的面具一样难以拔除，这直接影响着我们对己、对人、对物、对事和对世界的态度。可以说，角色即是一种习惯，投射点就是"我"。比如，我们大脑中会有"我是什么""我做什么"的对话，这就是角色带来的思考。不仅如此，角色的力量能够在无形中使我们局限于某个区域，影响着我们的生活与命运。

角色转化法就是要善于用多个视角来看待问题，站在多种角度来审视和解决问题。那么，怎么样才能获得多种角色体验呢？在按照习惯处理一件事情之前，给自己重复暗示的指令，不断向潜意识强化"我就是某个角色"，潜意识就会自动带着我们进入这个角色，进行相应的思考与行动，这样就有了新的思路，处理问题也就更加自然和得心应手。

八、幽默化解法

得觉理论认为，幽默是一种优秀、健康的个性品质，可以在瞬间化解尴尬。因为每个事件都存在着无意识的能量场，约束着每个人的角色，让置身其中的每个人的能量指向固定。当摩擦不可避免地产生时，能量会凝固，影响人的情绪。而幽默可以看成一种打破凝固状态的能量，迅速完成"打破状态—唤起快乐"的过程，使整个场的能量再次流动起来。

幽默，不仅仅需要智慧的灵感，更需要有足够的勇气在瞬间转化角色，甚至彻底否掉自己固有的角色。

幽默化解法就是善于采用儿童式简单的思维方式，在瞬间转换自己固有的角色，打破凝固状态的能量，使整个场的能量再次流动起来。

九、低调处理法

得觉理论认为，我们总会遇到一些不大不小的事情，解决起来很棘手，不解决也可以，但总让人感到如芒刺在喉。

怎么办呢？最好的办法就是悦纳它。悦纳的意思不是被动地接收，而是谦恭地承认"事情确实发生了"，同时相信"好的坏的都会过去"，然后享受整个过程。这种悦纳的过程，称为低调处理法。

熟练运用低调处理法后，你的思想会进一步升华。等事情真正过去后，你会发现原来不做任何事情，有时反而是最好的处理方法。

十、流动思维法

得觉理论认为这种方法包括直接促动思维流动和以身体活动带动思维流动两种方法。

直接促动思维流动就是通过连续提问，让来访者的思维不固着在一个点上，用新的画面覆盖原有的画面。比如，让来访者想一种植物、一种动物、一种味道、一个颜色……总之，让来访者的思维流动起来。

以身体活动带动思维流动，就是通过移动位置或变换肢体动作打破僵化思维的方法。比如，让来访者原地起跳108次，就可以有效打破其固有的僵化思维模式。

第三章 得觉自我理论在咨询中的应用

　　得觉自我理论是得觉咨询中最核心、最基础的一个理论。它是了解自然、社会关系的钥匙，也是透视自己的开关。它是明心的窗户，更是开慧的钥匙。我们践习这一理论，不仅可以帮助我们修行、修心、修性，找到人生道路上的"红绿灯"，还可以提高咨询技能，实现助人自助。

第一节　自我对话在咨询中的应用

　　得觉自我理论把人的"自我"分为"自"和"我"两部分，每个人都有自己固化（或程序化）了的"自""我"对话模式，通过揭示人"自""我"对话模式及"自""我"平衡关系，来解读人的心理状态，并引导人达到"自我"内心的和谐。

一、觉知自己和他人的自我对话

　　得觉的理念和自我对话模式一旦启动了，你就会开始用自我理论审视和解读这个世界，解读这个世界中的人，解读身边的人，你会发现，生命就开始有次第了，精神就开始有高低了。你通过读人会发现生命太有趣了。

　　人贵有自知之明，认识自我最关键的秘诀在哪里？就是自己对自己说的话。我们每天甚至每时每刻都在进行着自我对话，只是我们没有觉察而已。比如，当你走路跌倒时，你会有什么样的自我对话？当你遇到挫折时，你有什么样的自我对话？当你被他人误会时，你有什么样的自我对话？当你买东西与别人讨价还价时，你有什么样的自我对话？

　　在心理学界，有个很著名的自问的问题——"我是谁？"被测者在最初的回答中会给出各种各样的答案，如"我是老板""我是父亲"之类。自己一直问下去就会出现一个有意思的现象：被测者没有办法再回答了，最终都会给出相同的一个答案——"我就是我"。

　　为什么会出现这种情况呢？前面的诸多答案是由被测者根据外部环境储存在大脑里的信息整合而来，并用"我"的程序思考后得出来的。而最后他无法再回答，"我"停止思考时，"自"里的念头就会跳出来——我就是我。前一个我是社会角色中的"我"，后一个我是与生俱来的样子，是"自"。

　　得觉理论把自我对话分为三个层次。第一个层次："我"回归，九成评判放下，可以和"自"对话，有情感自然流动；第二个层次："我"回归，彻底放下评判，自由和"自"对话，感觉到"觉"的出现，可以觉察"自"的程序、"我"的习惯。第三个层次：无"我"无评判的状态，"自"活跃，"觉"开始唤醒，灵性、自由、自然，可以随意觉知世界。

　　自我理论是一套非常实用而有效地运用在生活、工作中的理论。运用自我对话，可以迅速觉察并判断对方是在"我"里说话还是在"自"的感觉中表述，可以迅速地感受到自己的状态，同时也可以感受别人的状态。

下面，我们通过一个案例来感受一下她自我对话的方式，进而觉察一下，她在描述这件事情的时候，是在"我"里还是在"自"里，这个案例讲述者已经 50 岁：

学员：昨天我坐高铁到隆昌，然后拼车到泸州来接我妈妈，弟媳很早就到了楼下等我，她怕我找不到。到了她的家，桌上已经摆上了很多我喜欢吃的菜，她还特意买了我喜欢吃的麻辣鸡。在我们家里，我的好吃是比较有名的。

吃完饭的时候，她又把麻辣鸡专门放在茶几上，让我边看电视边吃，说这样的话是最好吃的时候。没隔多会儿，大姐来了，我喜欢吃零食，大姐也带了一些零食过来。这样我们几个人就坐在那个客厅里边吃边聊，时间一点点过去，就到了下午五点钟。然后大哥晚上要请我们去吃饭，我喜欢吃辣的，喜欢吃鱼，所以大哥特意订了一家火锅鱼。

每次回家就是这种感觉，让我特别地留恋。就是那种亲情、那种浓浓的爱，紧紧地包围着我，让我始终有一种被宠着的感觉，虽然说我已经是 50 岁的人啦，但是在那一瞬间，我感觉我依然是妈妈眼里的一个孩子，大哥大姐的一个小妹妹。被宠的感觉，真的很舒服。

老师：听到这里，你会听出一些事情，讲述了一个回家的小妹妹，她的一种体验，在家中被宠的一种感觉。可是我们怎么听也没有听出那种感觉来。也就是说，这位同学是站在"我"的角度在讲述一件事情，用"我"的程序把事情表达了出来，她没有把"自"的感觉描绘出来。一旦我们描绘出"自"的感觉，那种体验是不一样的。

她讲了坐高铁，然后拼车回家去接母亲这样一个事情，就只是把这件事情讲出来了。我们可以把这段内容直接用"自"表达出来，那会是另外一番感觉和体验。我们就站在"自"的角度，把她这一段内容讲一遍，让大家体会体会：

坐上高铁回家接妈妈，每次坐上的感觉都不一样，尤其是这一次。即使是坐在那里发呆，好像也呆得有内容。赶紧回家，因为心已经不在自己的身上。下了高铁，匆匆地拼了一辆车，因为着急着回家，一下车就看见弟媳妇站在路口，突然惊醒地感觉到——我到了。不，突然意识到，是我去接妈妈，还是他们来接我？回家的感觉真的是不一样的。

上面这一段文字，我们是用了"自"的感觉，讲了一些东西。每个人其实都是有感觉的，我们要把"自"的那种感觉给表达出来。这个时候，听者就可以听到其中的韵味，相应的部分就会引起心理的共鸣，这就是自我对话妙趣无比的地方。

二、用自我对话觉知来访者的三种状态

得觉理论中以自我对话可以把人群分为三种状态的人，即看过去——纠结的人，忙碌于现在的人，看未来——往前走的人。

第一种看过去——纠结的人。这种人一直生活在过去里，五件事中至少有三件跟过去有关。考虑的问题是过去的问题，处理的问题是过去的问题，就像每天在翻弄自己家的储藏室一样，在过去的岁月中不断地清理自己的库房，清理自己的储藏室。虽然会有一些短暂的顿悟和惊喜，可依然还是在过去里，并且这种短暂的顿悟和惊喜，会让这种人更依恋过去，不断重复过去，时时处于依恋中、回忆中、情境中，在这样的感觉和情绪里度日，丢失掉现在和未来

的自己。这样的人，他的面是朝后的，朝着过去的，可是生命无论你朝向哪里，都是要成长，都是应该朝向未来。因此在生命的大路上，他是倒着在走，面向过去，背向未来，这是"倒退"的含义。

第二种是忙碌于现在的人。这种人是转身看着现在，五件事中至少有三件跟现在有关。他的整个身心都在忙着现在的事情，这种人很少关注过去，也没有时间顾及未来，他们一直在处理现在的事情。这个时候的他们一直在抓，抓住眼前可以抓的东西，以为抓住就可以解决所有的问题。这样的人，他们的行动就是横着在走，就像螃蟹一样，看不到未来，忙碌于现在，没有价值感。可是人这一辈子又能够抓住多少东西呢？我们知道我们只能吃自己能消化的东西，睡一张床，两手也只能抓住两把东西，更多的东西我们都只能放弃。

第三种是看未来——往前走的人。这种人是往前走的，五件事中至少有三件跟未来有关。他们每一步都是面向太阳，他们的行动跟生命的自然发展轨迹合拍，犹如走在飞机场的平步电梯上，下面的电梯在走，上面的人也在走，合起来就是双重速度。因为这样的人活在梦里，敢于放弃过去不能解决的问题，敢于面对未来的挑战，他们主要的精力都是放在未来的梦想和发展上，看着一路风景，留下前行的脚印，度量着大地，把握住每一个当下，活出灿烂的生命。这种人轻松、喜悦。

纠结的人一直在看过去的事情，忙碌的人一直在关注现在的事情，智慧的人一直在看前面的事情。我们把这个现象叫作生命路上的当下状态。得觉人是一直往前走的，无论在什么时候都让自己觉知，把自己调整到面对往前的状态，这就是自我对话的诀窍。把不快乐的放在身后，让它在后面跟着，这是阴的部分；让快乐的带着自己往前走，这是阳的部分，叫阳动。走着走着，会喘口气，这个时候一直在后面跟着的阴动的部分就会出来，我们刹车了，他还没有刹车，由于惯性的原因不快乐的情绪就会铺天盖地地笼罩着我们。这是处于得觉的第一个层次，这个时候人会有一种莫名其妙的无聊感甚至是失落感，这时候继续修炼的技巧是，转过身来对那个不快乐的自己说句话："跟上来了吗？继续跟着吧。"然后继续往前走。

三、用自我对话觉知来访者的四种自我匹配类型

得觉理论里用自我对话状态觉知的来访者自我匹配类型可分为四类，即"我"大"自"小、"我"小"自"大、"我"小"自"小、"我"大"自"大。

（一）第一类："我"大"自"小（信多念少）

"我"不停地以一种外显的方式向自己存在的环境、人群、事件传递自己的信，没办法倾听内心念的声音。如果经常过度地使用这种信，没有一种固定下来的表述信的方式，这就是滥用信，往往就会失信。

（二）第二类："我"小"自"大（信少念多）

这种人往往表述的方式和传递信的方式比较单一，有可能是行为，有可能是语言，因为只有单一的销售通道，生产出来的很多念的产品堆在仓库里滞销，"我"就会产生极大的压力和纠结。

（三）第三类："我"小"自"小（信少念少）

这样的人是很简单的人、有童心的人，表述方式很简单，拥有的产品也很单一，常常可以自得其乐，也可以经常辅助别人，自给

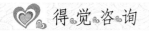

自足。

（四）第四类："我"大"自"大（信多念多）

这样的人，他会有很多的欲望，也有很多的途径去表达和展示自己，信的通道和表述的空间和路径都很多。很多念可以得到表达。这种人常常忙得不可开交，但精力旺盛，充满自信。就像一个企业，生产出的所有念的产品，都能够销售出去。这样的人具有生命的活力。

四、自我对话觉知来访者不同的自我形象

生活中会有这样的例子：某日下午，你路过一家窗户下，正巧有人泼了一杯水下来，"噗嗤"一声全倒在你头上了！你立马发出不高兴的声音——频率很高、节奏很快、音响很大、内容很不雅。可是，上面那个泼水的人偏偏频率很低、语速很慢、很温柔地说了一句话："傻瓜！"

此时，大脑中的"自"和"我"会有哪些对话模式？

第一种。

自："这人太没素质了，泼了水不道歉还骂人！"

我："就是，确实可恶！要不采取点措施给他颜色看看？"

结果是你一嗓子吼上去："你太没素质了，你有毛病啊？"

第二种。

自："这人太没素质了，唉，好惨哦，总是遇到倒霉的事情。"

我："确实很倒霉，最近运气好背哦！"

结果是你感到无比沮丧，因此一整天没精打采，唉声叹气。

第三种。

自："这人太没素质了！"

我："就是！不过也许这杯水是老天爷请这人代泼的，帮我消灾呢！"

结果你完全没有因此受到影响，因为消了灾，开心一整天。

在这些模式中，第一种自我对话带来的是"粗暴"的形象，第二种自我对话带来的是"悲观"的心态，第三种自我对话带来的则是"快乐"的感受。不同的对话模式会带给自己不同的感受，也会带来别人对自己不同的评价。而别人的这些评价又将反作用于自己，如此循环，我们的自我价值观逐渐成形，并影响我们的自我形象。自我形象就是由某种生命状态的固着而形成的。所以无论在任何时候，我们都要让自和我进行积极愉悦的对话，形成良好的自我形象。

第二节 自我平衡在咨询中的应用

学习得觉自我理论，一项重要的修炼就是让"自"与"我"平衡。那么，"自"与"我"怎样才是最佳的状态呢？

得觉自我理论认为，自我平衡，就是"自"能够接纳一切"我"，包括接纳一切现实中的"我"和变化中的"我"。在接纳的过程中，"自"和"我"平衡了，就会跳出一个东西"觉"，就是觉知自己现在的情绪、状态和心理反应。如果能做到这一步，"自""我"一下子就统一了。

深入研究"自"和"我"的互动模式和互动关系，就会发现自我互动的绝妙之处：当"我"正向的信息传递给"自"时，产生正向的体验，产生正向的念头；当"我"负向的信息传递给"自"时，产生负向的体验，产生负向的念头。在"我"里由于价值观的改变，可以改变信息的性质或者信息的强度；在"自"里可以直接改变体验和感受，方法有很多。"自"的不好的感受和体验，可以转化为改变"我"的能力和价值观的动力。

一、常见的"自""我"不平衡状态

（一）"自"大"我"小

如图3-1所示，这种人只求自己舒服，生活在自己的习惯里，不能觉察自己的状态。给人的感觉：自我为中心，容不下别人，也听不进去建议，"我"翘得很高。

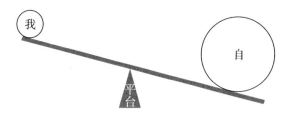

图3-1 "自"大"我"小

大部分人都存在"自"和"我"。有的人"自"大"我"小，一旦"我"在社会里被别人戳到了他们的某些点，比如怒点，他们的"自"会感受到愤怒，这是因为"我"的格局不大，受着模式化、概念化或者习惯的约束，有固化的价值观、人生观、世界观。这样的"我"层面很低、格局小，无法说服"自"回到平静，因此，这类人很容易生气，变得不讲道理，有时会胡乱撒气。

"自"大"我"小的人往往脾气比较火爆，有闯劲，遇事容易急躁，不善克制，喜欢竞争，爱显示自己的才华，处处认为自己是个人物，喜欢显摆。因为在人群里必须把"我"吹大，来匹配"自"的需要，所以他们喜欢被别人吹捧，也喜欢自己吹捧自己。

只有膨胀的"我"才能满足"自"的需求。这种人在自己熟悉和习惯的领域里可以表现出和谐，展现出独有的热情和能力，做出一番成绩，因此在有些领域他们还会取得成功。但在人际关系中会很脆弱，容易受挫，常存戒心，有不安全感。一旦抓住和拥有了东西、概念、理由，便不愿意放下，甚至为了满足"自"的需求可以抛弃"我"的价值观、尊严、责任。中文里的"自大""自负""自以为是"等词语就是说的这种人。

（二）"我"大"自"小

如图 3-2 所示，这种人没有足够的能力去支持"我"，常常不舒服，想做而无力做。"我"大，角色多，但是由于"自"小，所以能量不足。就好像一个气不足的足球，表现为无力、退缩、自卑胆怯。

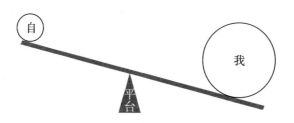

图 3-2　"我"大"自"小

"我"大"自"小的人可以表现为过度谦虚，因为"我"太大，承担的角色、面具多，但是他们的"自"的能量又不足以支撑起所有的角色，所以表现为：什么都想做，但又什么都不愿意担当，能力不足，自卑。由于"我"大"自"小，因此"自"常常抱怨，动力不够，表现为决心多，什么都想做的"我"拖着无力的"自"做事，经常虎头蛇尾，做事很难专心，不能持久，情绪化的表现使得旁人也不舒服，拖延或阻挠事情圆满完成。

举一个例子：当这一类人在社会里被戳到怒点时，他们的"自"会感受到怒，但是可能由于"我"的职位不允许，或是面子过意不去，或者是受教育程度很高，被灌输了很多道理，贴了很多标签，所以能控制住"自"不将愤怒表现出来。但毕竟他们的"自"过小，能量不足，即使"我"的知识再广，职位再高，还是无法平息"自"感受到的这种愤怒，"自"太小，而不同意"我"所做的"不发火"的决定。所以这一类人虽然表现得心平气和，但事实上处于一种压抑的状态，情绪往往向内。

因此"我"大"自"小的这一类人常常压抑自己的情绪，特别是压抑怒，怒而不发，也不善于发泄情绪；在性格上表现为特别能克制自己，忍让，过分谦虚，过分依从社会，回避矛盾。

二、"自""我"平衡状态与自闭症

（一）"自"和"我"一样大

如图3-3所示，有的人"自"和"我"一样大，这是一种平衡状态，这类人如果被触到我们上面讲的怒点，他们的"自"会感受到怒，由于"我"大，他们能够明了事理，不会随意撒泼，由于他们的"自"也大，"自"能够包容，认同"我"的价值观，同意"我""不发火"的这一决定，他们的"自我"能量相通而且达到了平衡。这一类人最后会表现得心平气和，而且能做到不纠结、不压抑。

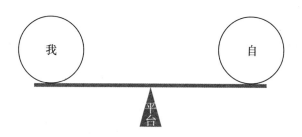

图3-3 "自"和"我"一样大

因此"自"和"我"一样大的人从未感到被时间所迫，亦未因时间不够用而感到厌烦。除非万不得已，不在别人面前自夸。万事顺顺泰然，不对别人产生敌意。消遣时，尽兴而返，身心松弛，心旷神怡，与世无争，休息而无罪恶感，不易为外界事物所扰乱。不了了之，很容易使自己放下未完成之事而稍做休息，见了便做，做了便放下，自得自然。

（二）自闭症

我们前面有提到，大多数人都具备"自"和"我"。但有个特别的例子需要举出——自闭症。

自闭症是没有"我"或者"我"非常小的情况，因为没有办法用"我"来交流，他们的"自"被封闭了起来，不仅很难融入社会，而且很难表达"自"。但是对于他们自己来说，他们的"自"能用，且能量很大，因此他们与生俱来感觉灵敏，能从大自然、周遭环境里收到非常多的信息。有一些还会被我们称为有"灵通"、有"天赋"。因此，虽然很难与自闭症者通过语言交流，但如果我们也用"自"来感受，其实是能够感受到自闭症人群的感受的。通过音乐、绘画，或者更直接地用动物来代替自闭症者的"我"，从而与他们有一定程度的交流。

三、如何咨询和帮助"自"大"我"小的人

得觉理论针对"自大我小"，总结了七种非常好用的调整方式，分别是破"我"原理、孵"我"原理、挂"我"原理、动"我"原理、非"我"原理、弃"我"原理、定"我"原理。

破"我"原理，就是借外力把"我"给破掉，打开格局。这种人"自"很大，能量很足，"自"会一直折腾"我"，"我"的格局很小，需要打破，一般需要借助外力。就如同借助钉锤把核桃壳砸开，把板栗打开，让外壳破散开来，让能量释放出来。通常我们可以通过听宏大的音乐，把人的格局打开；还可以通过足球场比赛的啦啦队、成千上万人的晚会、潜能开发的团队训练等，让大家在参与的画面和体感中，把"我"的格局打开。除此以外，巨大的困难、意外的创伤和某些重大的事件，也可以让"我"打开。这些打开，主要是卸掉"我"里固化的一种认知、习性以及一些固化的概念。当"我"的格局打开后，一个最大的体验就是看点、认知和习性改变，周围人会感觉到你越来越灵动，越来越自然，越来越平和，越来越不会去与人过度竞争，越来越坦然。

孵"我"原理，就是让"我"开始拥有一个确定的梦想，而且这个梦是要由"我"来孵出来。根据"我"所在的系统、环境、家庭状况以及文化程度、格局，孵一个自己认可的、想象的、感受得到的、新的梦想。但是不能太大，最好是自己切身容易体会的、容易实施的。只要重复现在的某一个项目，就可以直接孵化出来的。这个过程是一个细腻的体验过程，而在细腻的体验过程中，我们需要做的一件事情就是将梦孵化出来。孵化出来的具体操作，就是每天需要具体加温，周围每天都要有人重复这个梦。就像夫差，他孵

的是一个大梦、复国的大梦，夫差开始偷懒、走神、不努力的时候，身边的卫士就会大喊："夫差你忘记仇恨吗？"他孵的是仇恨，是用伤痛和痛苦来孵的。所以，我们要孵的是这个人已经有的、可以做的、能够去体验的，而且不是一定要非常努力的。孵梦孵出的是自己已经在做的事情之中，下一步可以提升的精神部分，或者是现实生活中已有的、内涵中缺乏精神的部分，我们给它附着精神上去。这过程是一个比较细腻的、有耐心的过程。对于他旁边的人，我们需要去引导，需要固定地让帮助他的人去督促他，反复重复他的那些话。他也可以自己给自己孵，比如每天确立好目标后，大声吼出来——这是多么美好的一天啊！这叫自我激励和自我约束。

挂"我"原理，就是把"我"挂起来，就像奖状一样，把自己认可的、有持续发展前景的那部分"我"，挂在那。但以前是享受、显摆那部分"我"。现在是把那部分"我"挂在墙上，像奖品一样挂在那里。挂些什么内容呢？挂些我们认可的、可以被社会认可的、也可以将来被社会认可的，这些"我"的可以让他挂出来的部分。这时候我们会有另一个"我"剥离出来，这部分"我"通过欣赏挂着的"我"，慢慢就会拓宽格局，而且会沉下来、去兜底、去扶持和维护挂在墙上那个奖品里的"我"。挂在墙上的那部分"我"，是大家认可的一部分。但一旦把这部分挂在墙上以后，我们就多了一个不在墙上的"我"。恰恰不在墙上的那部分"我"，就可以偷偷展开来。所以展开的那部分需要有观众，需要有认可。从哪里开始呢，从家人开始。家人开始认可挂在墙上那部分，欣赏他，鼓励他，认可他，再加上周围朋友、同事的认可。这个时候，那部分一旦定下来，他为了维护那部分的荣誉、荣耀，他就会认认真真地做那个"我"。因此，不经意中就会把"我"的格局打开。

动"我"原理，就是让"我"忙碌起来，不停地忙起来。这就是"迷，则行醒事"里的那句话。有些人看不清未来，可格局又不大，想得多，又纠结。自的能量又大，一天乱动。既然乱动，就让他继续动，让他自己忙碌得不要停，忙碌得不得了，让自己不要闲下来。在不同的领域中，在不同的系统中，在不同的环境中和不同的项目中，让自己不断地忙碌。但是，我们要引导他从眼前可以做的、接地气的一些事情中开始动。这一动，好多时候，他就没办法再在其他领域里动了，需要持续地在某一个系统里动。如果这样做不下来，继续乱跳的，就可以让他在多个系统里动，不要让他闲下来。闲下来，就是他的肉身很累的时候，这样就非常好。第二个动法，就像台球一样的，有很多事情可以指引他、促使他，把他可以推过来、推过去地去做事，让他不要闲下来。这种动法，就可以让他的"我"迅速忘掉，没办法去思考。这种动法可以让他的"我"出现新的一种行为、习惯和思考。第一个松动的就是他固化的习惯，第二个松动的就是固化的概念，第三个松动的则是"我"里面已经固化的跟"自"连接的感觉。动"我"，如果有旁边的人去协助他，也是非常好的。这样的人，我们希望他跟着一些有目标、有远大目标的人一起动。这种人可以进入一个大企业的职业化群体里，进入一个大梦想的团队里，进入一个很有规范、很有节律的企业中。这整个过程就是一个动"我"的过程。动"我"可以使我们真真切切地进入一个系统和一个状态，让我们的"我"彻底地松动下来。

非"我"原理，就是否定原本的"我"。讲的是我们不要让自己的我认为这就是我。把所有可以松动和否定的，甚至已经非常确认的我，全部否定。模拟的想象是另外一个"我"、另外一个人，身上所拥有的这一切，包括本领、标签、概念以及认知都认为不是自己的，只是某一个肉身的标识而已。"我"在这个路上只是用用而已，贴着标签的某一个工具，贴着标签的某一个器材，贴着标签的某一个玩具，贴着标签的某一个泥娃娃，这样讲更容易理解。在戏台上的"我"有可能演的是孙悟空，有可能演的是白娘子，有可能演的是哪吒，这些都非"我"。所以把生活中自己所做的一切都当成是自己在演出。这时你已经从感受层面剥离出一个你自己都看不到的"我"。这种体验可以让你真实地看到自己不足的部分。这时就要用得觉的缺陷理论，吸缺扬优，扬长补短等于倒退，扬长避短等于停步不前，扬长弃短才能勇往直前。非"我"，是真正地把自己的"我"都当作一个概念。因为人在最后离开人世间的时候，所有"我"的标识都要全部放下来。因此要从现在开始学会放下和松动"我"，我们的"我"就与天地自然共存。这也是修心一个非常重要的点。

弃"我"原理，有点像非"我"原理。但非"我"原理中的"我"指的是舞台上的自己。弃我原理认为那完全不是"我"，弃"我"即放弃"我"，所有的标识，不要概念，不要认知，不要角色，不要面具，不要标签，不要习惯。那么有人会问，都不要，那"我"算什么呢？我所做的这一切都认为是他做的。记住，你我他，都是他的。你要始终觉得是他在做事，而非我在做事，也非你在做事。这一切，都觉得是他在做事，把自己的感受和感觉都看作是他的，慢慢地你就会发现，你可以从更高的层面上俯视自己，看透自己的言、行、举、止、习性、格局固化的部分和小"我"的部分，这部分的修炼需要有一定智商的人才可以做到。对于智商比较高的人，这个原理很好用，效果也比较好。个别人可以通过这个原理，

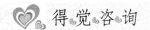

瞬间能够静心、养心，甚至悟道。

最后一个原理是定"我"。其实，破"我"、孵"我"、挂"我"、动"我"、非"我"、弃"我"等原理里都有一部分是定的，其中定的部分就是"我"。这里讲的定"我"，是与前面原理不一样的。定什么呢？定一个自己想象的我。六祖菩萨去出家的时候说，我要去做佛，而不是求佛，更不是去做僧人的。因为他就觉得他就是佛，他做的是佛。这就是把自己定在一个未来里，确信无疑的那个点上。这时所有的格局和所有的程序全部抛掉，丢掉了，弃掉了，废掉了，动掉了，挂掉了和孵掉了，这样的人就是"不得而觉"的人。这样的人根基比较好、比较深，而且智商比较高，情商也相当高。不得而觉的人，通常指是有慧根的人。定"我"的原理就是把"我"定在未来的那个角色里，确信自己就是那个人，所有的言、行、举、止都以那个自我作为标准，去做自己社会化那部分，感受自己内心世界那部分。这种人会从内心深处唤醒和焕发出一套全新的自我对话，这种自我对话是一种像马达一样的，自主加力的、自主鼓励的、自主确认的、自主升级的自我对话模式，从和谐迅速走到平衡，然后走到自我融合，最后走到觉的世界。

四、如何咨询和帮助"我"大"自"小的人

我大自小的人往往特别敏感，有些时候很内敛，经常不敢表达出自己内心的感觉，做什么事情都会退缩，会有很大的决心和抱负，但是实施起来有很大的差距，甚至根本没办法真正地实施，容易虎头蛇尾。

如果我们发现自己是"我"大"自"小的人，怎么办呢？或者如果我们很要好的朋友或家人、亲戚是这样的人，怎么办呢？

（一）动根原理

得觉自我理论认为，自然界是丰富的，丰富是自然界的法则。每一个人来到这个世界上，一定有他独有的一个领域。只要我们静下心来，细细地去探索和研究，内观自己的内心和曾经的经历，我们就会发现——我们在某一个领域里是比较擅长的。再去研究一下：类似我们这样的人，都有他所存在的领域和所喜好的系统。

只要静下心来去比对、研究一下，我们就会发现：做某些事情是我们比较擅长的。比如说吹牛，吹牛比较擅长，因为我们的计划比较大，虎头蛇尾的人喜欢吹牛，那就说相声得了，说相声就可以大胆吹牛。

当然，这是一个笑话。但这个笑话可以愉悦我们，并让我们有所启示。这个启示就是：我们不要一味否定我们认为的有些不是很好的现象。

动根原理就是从无论好与坏的现象中，去寻找我们比较轻松的、内心真真切切愿意配合的那方面。通过研究自己某一个项目的表现，再去寻找我们可以从事的领域，把自己放在可以从事的一个领域里去，我们就会轻松地发现我们平衡了，至少我们和谐了，我们不会再像过去一样退缩回来。

根——就移动到了我们自己擅长的平台和系统里，自己的内心会不断确认自己——"我"的行为。于是，自信就慢慢恢复了。周围的人也会越来越认同我们了，不知不觉我们会发现一切改变了。是的，内心开始成长了。我们的系统也开始和谐了，生活也开始幸福了，如图3-4所示。

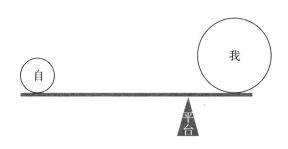

图 3-4　动根原理

　　动根，有时候可以借助外力。知道动根的重要性以后，我们就知道需要自我内部去更换系统，继续寻找平台。这样的平台，我们可以从成都移动到北京，当然，我们也可以从哈尔滨移动到厦门。

　　关键是我们要知道，我们可以兜底的内容有多少，让自己的生活首先不要乱了套。只要我们看得到、觉察得到，我们就将做得到。坚信内心，不是口头说了算，而是一定要有行动。最关键的是——我们的抗挫能力究竟有多大？

　　我大自小的人的抗挫能力是弱的。所以，才需要借外力——动根。一旦动到了自己擅长的领域，我们也就踏实了，内心也会越来越饱满，自信就渐渐恢复了。

　　（二）显我原理

　　"我"大"自"小的人，对"我"的要求很高，但是"自"无力，往往"我"受挫以后就退缩回来。"自"没有力量去面对，更没有勇气去面对，在这种状态下，会让自己极度压抑、退缩，甚至躲避在一个角落里。

　　如何让自己真正走出来呢？卸载掉虚荣的"我"。

　　把面具撕下来，做一个真实的真真切切的自己，这就是我们在课堂里讲过的显我原理，如图 3-5 所示。因为自小我大，所以

"自"往往容易敏感，这种敏感的状态经常会受挫。在这种状态下，我们需要找到"我"里的已经被认可的部分，一点一点地去寻找，自己找也可以，别人说也行。

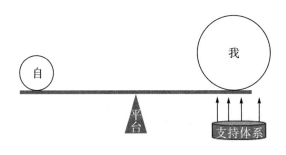

图3-5　显我原理

　　寻找到"我"里被自己内心深处认可并真真切切存在的那个"我"的部分的时候，"自"就可以找到匹配的项目和匹配的"我"，这个时候一点一点捡回"我"，看到"我"可以显化的部分，确定它，并重复它。

　　若我们没办法去面对生活中遇到的某些事，有时候觉得很委屈，往往通过逃避去处理。那么，你看一下所有逃避的项目中有没有一个不伤大雅又可以面对的一个项目，甚至你曾经因为某一件事情也面对过或者是也反抗过，让我们梳理过去曾经有过的一个项目，在类似的项目中，我们就会有底气去面对、去反抗、去正视自己的内心和现状。只要找到这样一个点，我们就会恢复我们的自信，内心就会有力量。

　　如果你觉得被羞辱，实际上是自己觉得被羞辱。当然也会有别人中伤的语言，如果我们不接招，我们也不会受到伤害，但既然我们接了招，那我们要学会正视和面对它。

　　我们也可以勇于反抗，但是我们尽量用温和的语言去面对。这会让内心要好受一点，同时要有平和的心态，从可以面对的一些项目上去着手，让自己一点一点恢复自信，"自"的能量就会增加，我们的信心也就会增加，学会这种原理是得觉独有的——显我原理。

如果你是"我"大"自"小的人，请你试一试、做一下，我们就可以感受得到动根原理和显我原理那种奇妙的魅力。

第三节　自我理论对生命状态的解读

一、自尊与自信

自尊是一个自我尊重的过程，"我"尊"自"，"自"尊"我"。但是感受都在"自"里，并让"我"在群体中感受到被尊的快乐。自尊是"我"给"自"的一个称号，"我"对"自"的一种加封。在群体中，实现其存在的价值，在社会中，显化出它的存在，在知耻里开始萌发，在生活中、学习中、工作中，逐步成长。不向人卑躬屈膝，也不允许他人歧视，它是一个自我的主观体验，是自我价值的具体表现。拥有自尊的人，安全感、归属感都很强，自尊是需要有支点的，是需要有载体的，要将它上升到集体、国家的命运，自尊才会真正地获得，所以我们经常提到一句话：人要活得有尊严。讲的就是自尊这个概念。

自信。前面讲过，"我"产生的直接信号，就叫"信"，"自"直接产生"念"。如果"自"所产生的"念"不断地被"我"去实现，而且是成功地实现，那么"自"就会相信"我"，因为我的回答方式就是"信"。"我"完成的所有项目都源于"自"的需求。当

"我"越来越能完成"自"提出的项目，"我"就会越来越相信"自"给的指令，"自"给予的每一项指令或者大部分指令，"我"都能够顺利地完成，"自"就越来越相信"我"，因为"我"接收指令时，表达的是"信"，所以"自"越来越相信"我"的能力，就有了自信。"自"每次发出的"念"如果都能够产生"信"，并且这个"信"持续不变，"我"就会相信"自"，叫作"信念"。

二、自卑与自杀

自卑是"我"对"自"的不满，"自"完成不了"我"的要求，导致外显的状态是"我"对"自"的极度不满，"自"能量不够，无力于让"我"达成它满意的结果，经常处在一种指令没办法全然执行到底的状态。而这种人的"我"一直忙碌不停，一直不断地在想尽办法希望"自"给予支持，获得持续的好感觉，由于"我"追求的事是虚幻的、虚荣的、不切实际或者只能是短暂的显摆，"自"一直耗尽能量去支持这样没法延续的"我"，不堪重负、卑躬屈膝、不敢反抗，于是疲惫不堪，只能退缩、逃避。做任何事情在行为上都会唯唯诺诺，放不开手。

自杀是"自"杀"我"，是因为"自"一直不满意"我"的行为，"自"给的所有指令都不能够以"我"来达成，让"自"极度不满并产生仇恨。这个时候的"自"，要么对自己要求很高，要么就没有任何要求，完全愿意让"自"从与"我"的关系中解脱出来，达到自我解离的状态。"自"最大的感受就是受够了，其实它受够的不是这个世界，不是这个环境，而是受够了"我"，内心产生的一句话叫"我受够了"。于是它就想"自"杀，其实杀掉的不是"自"，而是"我"，是"自"受够了就决定把"我"杀掉。而杀掉"我"的动力点来自内心的"自",所以我们叫这种行为为"自杀"。

我们唯一可以做的事情:第一是接纳和面对;第二是抓住"自"和"我"在短暂交流中产生停滞或者冲突的时机,唤醒他的"觉",重塑一个"我",让想解离的"自"误认为这个"我"就是它的本来。如果我们做到这两点,就获救了,同时也获得重生。

三、自由与自爱

"自"会顺着自己的一种念,不顾"我"的感受,它会不断地重复,不断地发出指令,如果这些指令"我"能够轻松完成,由着"自"的念头去达成,这个时候的状态就是自由的状态。我们每个人曾经拥有过自由,并让自己的身体享受过自由,因此我们就想一直去追寻曾经拥有过的那种感觉,儿童时代就是享受自由的时候。这种不受框架约束,很随性的状态就是自由。长大了,我们还想拥有这样的感觉,可是开始受到社会的限制,于是就开始觉得自由是珍贵的。

自爱,即"自"爱"我"。社会中所用的角色的"我"和"自"确认的"我"的量一样,那么这个人的体验就是心理很平衡,喜怒哀乐是自然的,能够去面对所发生的事情,很快就可以恢复平静。"自"的感受是祥和的,行动是有条不紊的,心里的欲望是客观的,"我"的扮演是有度的。这种人是爱我的,也是自爱的。

四、自控与自制

自控,控制自己的情绪,实则控的是自己的情和习惯。自控力是发自内心的,自我对话是平衡的,自控就在一个合适的度量、承受范围内，因此很少产生负能量。自控的人角色感强，内心的念很强烈，外表显现可能是冷静的，情感流露较少。士兵多是自控力强的人。通常人们会说这类人内心很强大，指的就是自控力强。在人类社会中，这类人往往是行业中的佼佼者，成功人士。例如，我可以每天凌晨 3 点起床。

自制，顾名思义，是克制自己。自制的人是"我"很强大的人。"我"的自制力强，就会控制"自"在追求快乐时出现的不合理想法。此时，"自"的情感体验是被压抑的，但外表一般显现不出来。自我的通路是单行的，由"我"来主导。由于对话是单行的，自制的度量范围小于自控的度量范围。自控和自制外表看来很相似，实则内心体验完全不同。在社会中，这类人对自己的要求很严，一般不允许自己犯错，做事比较按部就班。例如，我必须每天凌晨 3 点起床。

五、自责与压力

自责是"自"责备"我"，"我"的表现没有达到"自"预期的结果。因为"自"不满意"我"的能力与"我"的所作所为的结果，"自"给出的指令"我"无法按指定要求达成，"自"产生不满。"自"对自己要求很高。

"自"站在一个标准与规定的基础上衡量评判"我"。"自"的感受是本来可以比目前更好或者是应该很好，"我"的动力来自内心"自"的期待，而"自"不满意"我"，因此而发生的"自"对"我"的责备、谴责、评判，我们叫"自责"。

压力是由"我"的角色、生活及社会环境、个体能力大小不同产生的，不同的角色会产生不同的压力。当"我"所处的环境很艰难时，以及个体的"我"的能力达不到某种要求时都会产生压力。如果"我"能顺利完成角色赋予的内容，又能很好地适应各种环境，自我就是和谐舒适的；当"我"不能顺利地完成相关的内容时，就会感觉到累、无助。同时"我"又很容易受社会、家庭的影响和评判，这种影响和评判通过"我"传给"自"，人就会有一种压力的情绪表现。压力调适的方法有运动、冥想、饮食、倾诉、积极的自我对话等。

六、嫉妒与偏执

嫉妒是"自"对"我"的极度不满，"我"达不到"自"想要的结果，当自我与外界对话时，看到社会功能评价体系因素中的别人比"我"好时，"自"恨"我"没有能力来满足其需求，当"我"的能力根本达不到目的时，"自"就发出指令叫"我"想方设法用冷漠、贬低、排斥、敌视、诋毁、诬陷等方式来为难比他强的人，以此来平衡"我"的能力与别人之间的差距。当"我"用这种语言或行为时，"自"又会因此产生羞愧、屈辱、焦虑、恐惧、悲哀、猜疑、羞耻、自咎、消沉、憎恶、敌意、怨恨、报复等消极的情绪体验。

嫉妒可从三方面进行调适：一是用"自"不断确认"我"的优点；二是丰富"我"的角色；三是增加"自"的能量，比如学习、关爱他人。

偏执的人，常给人片面固执的刻板印象。这类人一般都是"自"大"我"小，而且他们"自"有一套不同于社会的程序，并深深地被"我"相信。这类人外表看似过分偏重于一边，实际上这类人是"内平衡"的。外人认为的不平衡是因为有"观"的判断，不带"观"看，偏执的人的内在相当和谐。因此这类人不易改变，除非其愿意打破原有的"内平衡"，再建立一个新的平衡。

七、抑郁与焦虑

抑郁是指"自"的能量非常低，不能处理好"我"产生的"绪"，跟"自"产生的"情"嫁接在一起，相互纠结、迷茫，走不出来，导致情绪低落、萎靡不振。抑郁的时候，"自"是收缩的，"我"是退行的，导致"我"不愿动，有点"懒"。当这种消极的情绪慢慢积累后，"自"的能量会越来越低，根本带动不了"我"。于是，"自"会对"我"不满，这时的"自"就会对"我"不再有任何要求，放任"我"的任何状态，导致"我"的心境低落、思维迟缓、躯体症状不良、社会功能损害等。

焦虑是人对未来事物的不确定性或担忧，表现为紧张、焦急、忧虑、担心和恐惧等。焦虑实际上是"自"对"我"的担忧，焦虑的人"自"与"我"都很小，"自"带动不了"我"，"我"又不能完成"自"的指令。焦虑的时候，"自"与"我"总是很纠结，"自我"经常打架，消耗"自"的能量，"自"的指令经常被"我"怀疑与否定，"我"的行动又经常被"自"控制，"自""我"都总会找很多的理由来说服对方，但"自"每次都不能去认同"我"，导致"我"没有主见。这样的人总是瞻前顾后，计较个人得失，生命的状态总是止步不前。焦虑可以强"自"、确认"我"的行为、改变自我对话三种方式进行调适。

八、抱怨和恐惧

很多人都有抱怨的习惯。抱怨，首先是"我"里有一个不该的价值观，我们认为有些事情是不该的，"你不该这样做，你不该这样对我"，等等。在这个价值观后隐藏着"自"里的能量，于是出现了"怨"，我们一直抱着这个"怨"不放下。喜欢抱怨别人，这是外显的部分。如果我们梳理一下，会发现其中很大的原因是我们对自己不满意，也就是我们的"自"对"我"是不满的。那种自我价值感很低、内在纠结的人更容易抱怨，可能一件很小的事情，他们都会唠叨半天，因为他们内心这种纠结和不满，本来就积压了很多情绪，当外界有一个点刚好触到这个开关时，负面情绪就像河流一样奔涌而出。

恐惧，是指人们在面临某种危险情境，企图摆脱而又无能为力时所产生的担惊受怕的一种强烈压抑的情绪体验。恐惧在"我"的层面，表现形式是不安、忧烦、焦虑、紧张、压力、畏缩、恐怖等；在"自"的层面，出现的是"无安全感"和对"可能会发生"事件的过度担心。恐惧的一端是过去的创伤、损失和失败，表现为焦虑和害怕；另一端是对"可能发生"事情的担心，表现为不安和威胁感。我们只能解决和处理当下的事情，没办法处理未来之事，所以"我"就会有焦虑和恐惧。

第四节　得觉自我理论在个体咨询中的应用

2004年12月，CCTV－12开办了一个全新的栏目《心理访谈》。笔者从2005年开始参与这个节目录制直到现在。下面这个真实的案例是2007年3月《心理访谈》播出的"大六男生"，集中展示了笔者如何运用自我理论来处理学习压力问题。

一、个案背景介绍

放寒假的时间，很多学生都已经回家休息，校园里也是人去楼空。可是在南方某大学，23 岁的小刚还蜷缩在自己的宿舍里不肯出门，本来两年前就该完成的四年制大学学业，如今他读了六年还没完成，学校的学生都管他叫"大六男生"。两年多了，一直上到大六的小刚始终不敢回家，即使是阖家团圆的春节，他也躲在学校里，因为他不知道该怎样面对自己的家人，更不知道该如何走出目前的困境。

二、求助者的主要信息

小刚的家在西部的群山之中，他从小学习就特别好，从小学到高中每次考试都是年级里的前三名，考入一所重点大学是他的理想，也是父母对他的希望。六年前，他以仅仅几分之差与重点大学失之交臂，进入了现在这所学校。本来他就觉得很委屈，而竞选学生会干部、进广播站当播音员等活动接连失利，让他对学习产生了极大的厌倦，考试成绩也就越来越差。学习成绩的大幅下降让他对自己的学业产生了更大的厌倦，勉勉强强读到大二的时候他就再也学不下去了，一头扎进网络游戏中。如今同一届的同学都已经毕业参加工作了，他仍有 6 门功课不及格而不能毕业。作为学校里唯一的"大六男生"，小刚对自己的未来充满了迷茫。

三、用自我理论分析案例咨询过程

节目现场我给小刚做了一个测试，用十五个棋子摆三个支点，用一张纸放在上面，把一个小木偶当作自己，放在纸上面。一个柱子当作小刚的亲朋好友、同学，另外一个支撑点当作小刚的学业、考试、应试，还有一个支撑点当作他的竞赛、竞选、体育运动、文艺或者是网络。

我：你清楚了，这三个支撑点？好的，我们来回忆一下第一次高考。第一次高考，当时你是蛮优秀的。（确认小刚"自"的感受）家长长期的重复，让你体验到学习是你唯一的成就体验。（小刚"我"中固化的程序，需要松动和卸载的地方）那么你想想高考受挫，这个体验是不是就出现了挑战？（扩大"自"的不舒适感，唤醒内心想要改变的能量，而不是以后在体验到"自"的不舒适时就立刻退缩）

小刚：高考受挫？（小刚懵了，"自—我"对话停止，评判停止）

我：高考时，实际上你有机会可以考到重点大学，这是你第一次遇见挫折，但是你当时觉得自己调整回来了，其实没有完全调整回来。（小刚的"我"认为自己应该调整，但是"自"的情绪一直都在，而且"我"不接受。所以直接点明）你把这个情绪压抑下来了。（再次确认和唤醒小刚"自"的感受）好的，如果高考受挫，你这个支撑点是不是少了一个，你取掉一个象棋。（直接下指令）

小刚：取掉一个。（小刚取掉一个象棋，说明小刚停止了"自—我"对话，完全处于被引导中）

主持人：是这种感觉吗？（主持人还在"我"里，像一个局外人一样，在想着"这在是做什么呢？"）

小刚：对。（被引导中，没有评判）

我：你感受到了当时实际上你就是这样一个状态。（继续确认小刚"自"的感受）接下来你去竞赛了，因为你做了一个非常非常棒的努力。（点明小刚的"我"还不接纳"自"的感受）但是你没有获得相应的成就，又受到一次挫折，取下来，你看你的支撑点。同时，你在竞选学生会干部，还有就是播音员，这个时候你想想又受了两次挫折，你再取两个。

小刚：这要倒了。（小刚的"自"害怕倒下）

我：对，你要让自己平衡，你应该怎么做？（让小刚的"我"松动、扩大，去接纳自己"自"的感受）

主持人：还能平衡啊？（主持人的"我"概念开始松动，感到好奇）

我：还能平衡的，说明你逐步地在往哪个地方走？（继续引导小刚的"我"观念松动，格局扩大）

小刚：角落。（陈述事实）

我：往角落走，你要取得平衡实际上你逐步在往角落走，你的支撑点都没有了，而且已经倾斜掉，你在这上面是不是会感觉很累？（再一次确认小刚"自"的力量已经不能支撑，但是"我"却在强撑）

小刚：对。（小刚自己确认了"自"的累）

主持人：其实后来学业这个地方又掉了很多，又少了很多，只是去掉了高考这一个，那后来一直挂科、一直挂科，那是不是又去掉了？（主持人在"我"里，需要引导好整个节目的节奏）

我：又去掉了，学习成绩受挫。（确认小刚的"我"和"自"一起受挫）

主持人：你自己觉得哪块该去掉，你可以一边讲一边取。（主持人在"我"里，需要小刚说多一些话，所以引导小刚讲出心里所想）

　　我：你看看，所有的支撑点，实际上你来到这里，你的状态就是这样的。（直接松动小刚的"我"）

　　小刚：对，支离破碎了。（小刚的"我"松动了，开始觉察到自己的生命状态）

　　我：所以说你就会逐步往角落躲，逐步把自己退缩回去，然后就找到一个能够满足童心的娱乐方式。（开始松动"我"里面一些负面的生活方式）

　　小刚：看似很稳定，但实际上又很不稳定。（能够面对自己当下的状态）

　　我：很不稳定。（确认小刚当下的状态）

　　主持人：小刚看到现在这样的状态是什么感觉？（主持人在"我"里，调动小刚多发言）

　　小刚：很不踏实，没安全感。（直接将"自"的感受讲述出来，小刚进入了"自"里）

　　主持人：在这样状态下走进教室肯定是很难的。（兢兢业业，依旧非常"我"的主持人）

　　我：很不爽。因为背后是空的。（再一次确认小刚的状态）

　　小刚：很没底。（觉察中）

　　我：自己没底站不稳。这就是我们人对自己过往的一种思维里的单向评判，形成一个单向的评判以后，他往往会看重那么一点，他经常用这样的一个评价体系来验证自己。那么刚才说的参选学生会干部不成功这种事，当时他自己感觉自己很优秀，而同伴、社会、学校、团队，没有给他相应的认可，于是评价就产生了落差。自我评价和别人评价产生落差，你就会受挫，你就会退缩回去，最后去借助这个网络，网络也是成就评价体系的一部分。（继续松动小刚的"我")

主持人：但是网络成就带不到现实生活中来。（主持人的"我"太强啦）

我：对，他是虚拟的，刚进去的时候也是蛮好的，他也可以让你从中获得一种成就，所以你就会一下栽在那个里面，你会慢慢放弃其他的内容。（继续松动小刚的"我"）

小刚：对，我很不喜欢这种感觉。（小刚的"我"已经松动）

我：那么你觉得怎么能够把这种资源拿回来？（引导小刚的"我"找到一项能够让"自"的能量不损耗并且前进的项目）

主持人：你有什么点可以支撑的？（主持人在"我"里）

我：你要找到资源，就要从你过去的经历，或者你身边的亲朋好友、同学以及过去的爱好里找。你做了非常正确的选择就是来到咱们这个现场，能够体验这样一个过程，这就是一个资源。你已经找到了这样一个资源。当你开始做这样一个行动的时候，你已经做了一个让自己彻底改变的决定，因为行动更容易接近梦想，所以说这已经是一个资源，你可以把这个资源放进去。那你还可以从你的身边去找这样的资源。（确认"我"的行为，继续引导"自—我"和谐）

小刚：我感觉我唱歌还可以，我上高中的时候一些同学都说我踢足球还可以，唱歌也不错。

我：那挺好的，你也可以放进去。（确认"自"感受说服的新"我"）

小刚：也算是一个。（开始主动面对，并且往前看，"自我"开始统一）

我：也算是一个，你看逐步地就可以站回来的。（继续确认）

小刚：对。（往前看）

我：还有吗？（继续引导小刚）

小刚：自己的兴趣能不能算上？（小刚的"自"已经感受到了，但是"我"还不够确认）

我：也可以。（帮助小刚的"我"确认"自"的感受）

主持人：是什么兴趣？（主持人在"我"里，所以要发言，来调整整个节目的节奏）

小刚：像是看书，能不能算上？（小刚的"我"不确认看书是一个支撑）

我：刚你站稳了以后，你的感觉是什么？（帮助小刚的"自"去感受）

小刚：舒服多了。（"我"看书，"自"会很舒服）

我：我们还可以再拿很多点，支撑到周围的任何一个位置，如果让你再找的话，你会找到多少支撑点？（继续引导小刚找到更多支撑）

小刚：对，因为如果现在数的话可能我一时难以想象，但是我理解你的意思，就是把自己的精力分散在多个支撑点上是不是？（小刚新的"我"上线了，接受力更广了）

主持人：但他现在最需要的是学业？（主持人在"我"里，反复强调节目需要的内容）

我：所以说我们现在要找到支撑他内心的一种信念动力，我们就要找到他一种多维度的评价，找回他原有的一种自信，因为人的自信都是一次一次小的成功积累起来的，所以说我们现在必须要唤醒他本来的自我。（要引导小刚的"自"去确认现在这个新的"我"）

主持人：就是先让他找到多个支撑点去平衡起来，然后再想办法去解决这个学业的问题？（主持人在"我"里再次调节目需要的内容）

我：对，实际上他要完成这个学业，我们必须要从多维度的方式，去找到他的支撑点，让他感觉到自己在那儿很稳地往前走，你看父母一直很坚定地在支撑着你，不管你怎么样。但是你要知道你自己的事情必须你自己做，他们也很清楚，但是他们站在你后面，你一直在往前走。（唤醒小刚"自"里面的力量）

小刚：只有靠自己的力量往前走。（"自"的力量开始被唤醒）

主持人：我想如果你能恢复这种自信，也有很多的资源支撑你的自信，当你走进教室的时候，也许就不那么在乎别人会怎么样评价你了，是不是？（主持人在"我"里，用"理"来说服小刚）

我：如果有这么多资源支撑着你，你走进教室会有什么感受呢？（唤醒小刚"自"的能量之后，来引导小刚用"自"来感受新的"我"进入教室）

小刚：很自信吧。转身一看自己还是有蛮多优点，长处还是比较多的吧，肯定会自信，更加自信，然后更加不容易受挫吧。（这时候"自"找回了自信，并且确定"我"）

（这时候我做了三个题板，分别写了过去、现在、未来，并且问了连续的问题。这一段既是对小刚的唤醒，也是对所有观看节目的人的催眠唤醒。在层层递进的对话中层层深入内心直至醒悟，这段对话是整个节目的精华，更是升华）

我：你现在在哪里？（引导小刚"自—我"思考更深的问题）

小刚：现在在中间。（在"我"里直接回答所看见摆在桌上的图片——所见）

我：你现在的感受在哪里？（继续引导小刚感受，让他回到当下感受中）

小刚：现在还是个学生。（在"我"里直接回答所知）

我：你现在在哪？（继续引导小刚自我对话）

小刚：现在在人生的一段坎坷里头。（唤醒小刚"自"的感受）

我：你现在在哪？（继续引导小刚自我对话）

小刚：在人生的低谷。（"自"的感受在负性）

我：你现在在哪里？（继续引导）

小刚：黄昏？额……黎明前的黑暗吧。（"自"的负性感受瞬间转成正向）

我：太好啦，你现在在哪里？（抓住关键，马上确认太好了）

小刚：正要崛起吧！（"自"的感受正走向正面，成功改变自我对话）

我：太好啦！那么你现在在哪？你的现在，就在你过去的决定里。那你的未来在哪里？（再次抓住关键中的关键马上确认，同时开悟引导）

小刚：笼罩在过去的阴影里。（小刚"阴影"还没说出来，我马上插入正面引导，同时覆盖"阴影里"，避免掉回原来负性思维中）

我：因为你过去的决定，你来到了现在，同意吗？（让小刚"自我"确认）

主持人：是在过去的影响当中。

小刚：对对，在过去，受过去的影响。（用中性词"影响"而非"阴影里"，说明对话改变没有掉回原来模式）

我：因为你决定来到这里，你就来到这里啦。（让小刚确认，

构建新的自我对话模式）

小刚：是因为过去的原因。（小刚点头，内心确认"自我"新模式组装成功）

我：那你的未来在哪？（启动新的自我对话模式）

小刚：未来是以现在为基点开始。（用新的模式自我对话）

我：对，就是你现在的决定。（马上确认，引导）

小刚：对，现在很重要。（自我确认，掌握新模式）

我：对，所以说当下，此时此刻的决定，是最重要的，因为我们能够主控的时间，就是此时此刻，我们能够体验的时间，也是此时此刻。（给出具体的实操方法）

小刚：决定不了过去但是能决定未来。（会了）

我：过去其实已经没有啦，只是大脑里的画面，未来在哪儿，就是现在的决定。

小刚：对，未来在现在的决定里。（升华）

这个案例有几个关键点和技巧：①整个咨询过程给求助者一种亲情的连接。②没有采用说教，只是用象棋来显化境况。③把求助者引导在当下，活在未来会焦虑。④让求助者回忆的都是好的。完全用"自"的感觉，打开内心，处于完全的接受状态。得觉咨询的步骤分为开始、贴近与引领、确认与成长。

四、本案例咨询总结

小刚是一个典型的"我"大"自"小的人，"我"想秀但没有能力秀，"自"愿意支持可能量不够，所以遇事虎头蛇尾，处处退缩。要让小刚看到自己"我"里面真实可用的一部分，而且不能带着情绪看，否则就会贬低"我"。在咨询过程中做的就是脱掉虚假的、伪装的、吹大的、膨胀的"我"，这个过程必须靠自己。为了帮助小刚脱掉虚假的"我"，咨询过程中我们利用了象棋，视觉化地将"我"支撑起来，因为从图2-3中可以很形象地看到"我"大，将"自"抬得很高，高高在上的"自"没有安全感，"自"不安全，看不到把它翘起来的在下面的"我"。所以，我们将可以利用的有效资源唤醒，成为看得到、感受得到的"我"的支持体系，将"我"支持起来，和"自"在一个平台上，"自"就可以看到"我"，感觉到"我"。这就是前面章节讲过的显我原理。

这个过程是非常重要的一个部分，是将自—我对话中不消耗能量的部分整合和重新启用的过程。

如果掌握了显我原理，除了建立支持体系外，还可以调整平台。这就需要用到前面章节讲过的动根原理了。

综上内容，我们再做个简单提升："我"大"自"小的这类人，思维评价单一，情绪压抑，特别是压抑怒，怒而不发，也不善于发泄情绪；在性格上好克服自己，忍让，过分谦虚，过分依从社会，遇见事情退缩。帮助这类人首先必须松动评价体系，将单一评价的思维模式松动。其实，社会上有很多人不能释怀、坦然，就是因为进入自己"认为"的认知怪圈，这个怪圈里运用的程序和单一评价模式一样，有这样认知和感觉习性的人很难自己走出来，需要借外力帮助。如果发现自己有时候撞入事情中出不来，往往就是进入这样的思维对话怪圈。当然学了得觉自我理论后，运用显我原理和动根原理你就很容易调整出来。所以，遇见挫折对于这类人来说是一个天大的好事，事件会让你停止原来的模式。如果此时有智慧的人在身边，一句话、一个动作、一个眼神都有可能改变你的模式；如果此时没有智慧的人来帮助，今天我就告诉你，你已经开启得觉之路，你就是自己的得觉人，智慧已被唤醒。在你的"自我对话"时加一句，智慧的得觉人会怎么做，你的固化模式就开始松动，智慧的对话就将开始，新的自我对话就会重塑起来，你将在新的平台告别过去，走向未来。从那一刻起，你将谱写新的人生篇章，成为真正的得觉人。

第五节　得觉团体咨询案例

一、案例背景介绍

2019 年 4 月 8 日上午 11：30，××航空公司，一位一线员工在一次意外中伤亡，处理完事件都已经下午 4 点多，领导发现此次事件造成公司其他 9 名员工心理受到创伤。公司非常关心员工身心健康，当天下午 5：30 就找到川大心理健康中心，希望格桑老师去处理，基于几位员工已经下班回家，就安排在第二天早上进行心理干预。

二、咨询时间、地点

时间：2019 年 4 月 9 日上午。
地点：××航空公司会议中心。

三、事件简述

2019 年 4 月 7 日上午 11 点多，20 多岁的地勤工作人员，在和同事交接完工作转身才走了几步，被突然拐弯失控的机场货运拖斗车碾压当场毙命。意外瞬间发生，一旁 3 位同事目睹现场惨状。随后医务人员和团队中的其他 4 位同事陆续来到现场援助，也不同程度目睹了事故场景。9 位工作人员（还包括医生、护士）事后出现不同程度的应激性心理障碍。其中程度相对较轻的 3 个人出现噩梦、失眠、事故画面回闪等现象；4 个人出现对交通工具的恐惧，而在某种程度上造成出行困难，工作不能专注，规定操作程序反反复复出现错误等问题；还有两个程度较重的人，不断出现画面回闪并伴有躯体症状，表现出恶心、呕吐、头晕、耳鸣、胸闷等。

四、咨询流程及分析

我们被公司邀请去为这 9 个人中的 8 个人进行应激性心理创伤辅导，其中 1 人因工作岗位不能离开未能参加，后期做了单独处理。

（一）系：建立关系，我定自安

与前来咨询的 8 位工作人员打招呼，看着对方眼睛一一微笑握手，并让他们选择一个自己喜欢的地方坐下，然后想想如何用最短的语言或行为介绍自己，同时让别人记住。在"我"与"我"的仪式交往中融入得觉催眠技巧，迅速建立信任感，同时放下阻抗进入"自"的安全感与认同感，直接实现从"你们"到"我们"到"咱们"的感觉升华，建立关系：我们定，咱们安。（包含个人层面的"我"定"自"安）

（二）注：专注自我，心听信息

选择其中一人单独了解事发经过，从"我"的层面只问经过，不问细节，收集事件发生的细节，如时间、第一时间目睹的人员、性别、整个过程处理完后持续时间、全程参与的人员，等等。从

"自"的层面观察对方的感觉、表情、肢体动作、言语，同时用咨询者自己的"自"去体会互动时候的感觉。另外，选择一个人的目的是：避免因再度谈起这件事情而回放创伤画面，造成个别人二次创伤。

（三）时：把握时机，寻找窗口

从得觉自我理论的视角出发，发现他们的心理创伤主要由以下路径引发：场景画面、声音、气味、念头等。于是，就让这8个人围成一个圆，我在圆外，首先调整他们的身体感觉，做一段得觉呼吸训练，体会身体的感觉（5～10分钟不等）。待他们彻底放松下来，精神专注在体验过程中时停止，继续下一步。

将圆调整为半圆形状，间隔均匀，身体坐直。其中，有呕吐等躯体症状的两个人，分别位于顺时针方向的4、6号位。然后，请他们闭上双眼，回想起事故发生时让他们难受的画面、声音、气味，回想起来的马上翘起左手大拇指，待所有人都翘起左手拇指，马上提问左侧有什么？听到什么？感觉到什么？上面有什么？听到什么？感觉到什么？右侧远处有什么？听到什么？感觉到什么？自己脚底有什么？听到什么？感觉到什么？还有什么？

运用得觉3、2、1的方法不断提问，让新的画面、声音、感觉去覆盖旧的创伤画面、声音、感觉，半圆形的座位会聚集能量，尤其是可以汇聚声音，形成共鸣场，同时可增加身体的安全区，大大提高咨询效果。

（四）拨：拨动心弦，唤醒动力

唤醒体验者自己的自我对话模式，让8个人手拉手，建立他们感觉的路径通道，引导各位成员，深呼吸后停顿12秒钟，长呼气后停顿 7 秒钟，反复 7 次呼吸调整，8 个人的呼吸就同频了，"同呼吸，共命运"讲的就是这个道理。这时开始用引导语引导大家共同想一个很大的红旗，想一个很大的森林，想一个很大的海……再用这些画面场景的冥想覆盖和淡化模糊原来难受的画面，从而削弱或松动原有的自我对话模式，新画面的引入，会唤醒新的对话和新的感觉，同时开启内心动力。

接下来，处理由于声音和念头带来的体感。首先请大家用一个词描述关于该体验的感受，进而让每个人念如下一段话：

"姓名＋正体验＋描述感受的词语，姓名＋体会到了，姓名＋感觉到了，姓名＋看到了，因此，结束了。姓名＋放下了。"然后，每个人大声重复这段话 21 遍。

例：（比如说是李某某说的一段话）

"李某某正在追寻惊恐，

李某某体会到了，

李某某感受到了，

李某某看到了，

因此，结束了。李某某放下了。"

大声重复这段话，直到只在念话而没有其他感觉时停止。

这段是咨询起到深层次效果的核心技巧所在，根据不同的创伤，运用的方法大不相同。重建新的自我对话全靠这个过程。

五、续：原动启动，嫁接开关

上述流程结束后，引导每个人默念"你帮我、行能我" 3 遍，即倒序的"我能行、我帮你"。最后，深吸气，然后朝天吐气，如此三遍后，睁开双眼，世界清明，团体辅导结束。

这一步主要让他从"自"的感觉回到"我"的新程序里，直接唤醒和启用新的模式，用新的感觉连接新的对话。

六、总结提升

这次辅导具备以下特点：

第一，群体很特殊，一场意外同时给参与救助的所有人（9 个人）都带来大的创伤，这种情况是比较少见的。在像汶川地震那么大、那么严重的灾害事件中才会看见类似的情况发生。

第二，公司上下高度重视，期望很大，同时很担忧继续发生新的事件，过度关注和个别领导的过度敏感，无形成为咨询工作深入开展的外部干扰。

辅导团队就以上特殊情况拟定了特殊方案：

针对特点二，首先化解松动领导群体的压力，用了 15 分钟的时间沟通，让他们放心，我们会用专业的方法来帮助他们判断和评估风险，咨询完成后又做了半个小时的反馈，取得很好的效果。

针对特点一，通过以上 5 个流程从身—心、认知—感知、体验—感悟、唤醒—升华，一一达成目标。之后追踪 1 个月，回访 3 次，效果佳。

第六节　得觉自我理论在考前压力辅导中的应用

一、教会考生缓解紧张的 5 招

面对中考和高考，考生"感觉好最重要"。运用得觉自我理论，我们总结出 5 招缓解考生紧张的必杀技。从考场外到考试开始，每

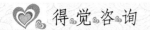

个步骤均有应付之道。

第一招是把名字倒过来，反复念。这是得觉独有的缓解紧张的有效方法，非常管用。一般在去考场的路上，在车里面，出现紧张的时候，只需闭上眼睛，把自己的名字倒过来，加上一句自我确认的话，反复念。比如，"格桑，我能行，行能我，桑格"。这时，人的大脑会迅速空掉，自我对话立即停止，大脑得到充分的休息。

第二招是清点考试用具。刚刚进入考场，拿出每样工具，逐一清点，并念出来，让自己听到。这是"我"主动转移"自"的情绪，让"我"的肢体"自"动起来。这种方法也可以有效缓解紧张。

第三招是笑他人、稳自己。这招是什么意思？就是借他人力量，稳定自己的信心。清点完工具，考试还没有开始，"要大胆张望"。看前面一个人，脚都发抖；左边的女孩，大汗直冒……用这样的观察结果，告诉自己要有信心。因为人在紧张的时候，肌肉是僵硬的，因此一定要大幅度张望，缓解紧张。

第四招是调节自己的呼吸。其目的在于保证大脑供血充足。记住呼吸口诀是"吸—停—吸—呼"。吸到七分时，停住，然后继续吸气，至十分，接着呼出。因为人体的血液并没有完全参与循环，这样做的目的是让所有血液参与循环，这样的呼吸运动，一直做到发试卷。

第五招是积极暗示自己。拿到试卷，先不要写名字、考号，用自己能听到的声音念7句："所有人都有做不了的题，我比他们好多了。"平复心情，效果深远。

二、如何缓解考前紧张与身体不适

理论讲解：在紧张状态下，人的"我"一旦没有获得休息，我们就要找到特定的一个状态去让自己的"我"想办法休息。这个时候身体会有一些不舒服，如胸闷、气短、睡眠不好、焦虑，看书的时候一行字都看不下去，或看成几行字；晚上梦多，吃东西咽下去肚子也不舒服……这一切现象，都提示我们要缓解一下，让大脑休息。当这样的状况出现时，我们可以采取以下几种方式进行调整：

一是运动。运动是最好的方式，因为运动以后大脑就获得休息。我们要充分给大脑提供养分。

二是改变体位。可以转转头部，伸伸懒腰，抬抬腿，或者握紧拳头再放松，或者深呼吸 3～5 次。做一些鸟飞动作帮助改善体内换气，从而调整状态。

三是饮食调整。戒油腻饮食，调整饮食。

三、如何克服考前厌学状态

理论讲解：考生不想学，说明他发现了自己并不想要现在的状态，他的内心和身体是不舒服的。这个时候，他们发现真真切切想要去学的东西，实际上是自己不想要的。学习是个艰难的事情，好多考生不想吃学习的苦，他们就退缩了。它跟身体吃苦是两种感觉。身体吃苦的时候，大脑是空的，一忙碌就忘记了，回来以后才觉得苦；而学习的苦，时时刻刻都让人想回去休息一会儿。

一是要彻底休息一天。给自己的内心放一天假。

二是需要家人的有效关心。家人可以互相拥抱，有空的话，再一起做一些运动改善一下氛围。家里人尽量做到不要讲道理，因为考生太清楚自己的道理了。

三是专业心理咨询。进行以上调整后，如果仍具有较强的厌恶情绪，可以找专业的咨询机构对问题进行一定的梳理。

四、如何帮助考生"自我"调适

离高考越来越近了，很多考生"我"大"自"小，"自"的能量不够，而"我"的需求又很大，空虚的需求不切合实际，"自"的力量又跟不上。所以往往在这个时候，他们到了后面的考试就开始退缩。

因为在年级中一比，跟自己过去的状态一比，比着比着自己就越发觉得没有信心，见着同学也就没有了自信。以前架构的那个"我"是虚的，好多地方被捅破，"我"就蔫了。

当"我"彻底蔫下来的时候，"自"就完全撑不起来。因为自己发现自己的这个"我"完全不值得爱，自己发现自己的这个"我"完全是虚的，撑不起来。自己的"我"原来有那么多不如意和不满意的地方，这种感觉全部都是我们单一的评价所造成的。

单一地认为自己的"我"考不好就没戏了，考不好一切都完蛋了，考不好就已经没有前途了，考不好这一生就没有希望了。长期的单一评价使得我们认识自己的"我"的方式就单一。而这种单一的方式使得我们的"我"显得虚空，"自"只支持这样的一个"我"，而忘记支持另外状态的"我"。

所以我们的"我"在很多时候就觉得无力、退缩，退缩到原来自己觉得安全的地方。有些学生就会退缩在家里，不想上学，不是他学不懂，更不是他没办法上学，也不是身体出了什么毛病，而是因为他"自"的能量太弱了，"我"是虚空的。

他看不到自己所有的成就，这样的状态我们经常可以看到，尤其是在中考和高考来临之前的学生身上。就最近笔者能够接触到的这些学生中，以及家长带来咨询的学生就有二三十个。怎么办呢？

家长遇到考生这种状态，记着不要再给考生说教，更不要给考生严厉的管教，我们要做的一件事情——就是让他真正的"我"落地，落到实实在在的地面上，就是回家。家长在这个时候要给予他理解和支持，更需要做的就是在身体上拥抱拥抱他，触摸触摸他。然后，给他建立新的知识体系，找到他可以看得到的亮点。

前面我们有讲过，显我原理在这个时候是非常有用的，让考生看到自己除了学习以外，还有健康的身体，还很孝顺，还有能做的事。总之，只要家长留心，一定可以找到很多很多的方法，可以让考生重建自信。这时候家长的情绪处理非常重要，处理好自己的情绪才能帮助考生。一旦情绪来临，家长应马上离开。

如果我们掌握这两个最简单而最有效的方法，相信在高考和中考前，家长可以获益满满，考生会收获多多。

五、如何与考生进行有效沟通

（一）走出思维限制

走出高考与中考的学生是很苦的思维限制。这种思维限制经常导致家长过度紧张和过于小心翼翼，从而给孩子带来额外压力。家长放轻松，考生所能收到的信息往往是更好的，所以只要与平时的心态保持一致，没有异样的表现便是最好的家长状态。若家长过于紧张，则很容易传递焦虑情绪。

（二）多听多感觉

吃饭的时候，不聊学习。专专心心地让考生享受吃饭的状态。

如果考生想聊就聊他的，我们少聊，去享受美食，这是非常重要的，因为这个时候去聊，人会吃下情绪饭，这样在身体上是会有记忆的。

（三）起床的时候不聊天，不说教

早上起床的时候聊天会种下新的概念。晚上睡觉的时候要尽量少说话。让考生安静地进入他自己的对话系统。这几个节点把握好了，其他时间段里，你爱咋聊咋聊，效果就非常好。

总之，中考和高考减压，不仅仅是考生自己的事情，更多的是家长的事情。因为家庭是一个系统，考生每天休息都在自己家里，家人的各种不良情绪是可以互相传染的。家长心态好，就能帮助考生调整好心态。

第四章　得觉相牌在咨询中的应用

第一节　得觉相牌简介

一、得觉相牌的来历

得觉相牌是得觉咨询中常用的专业心理咨询工具，是笔者带领得觉研发团队历时五年研发出来的成果，由 64 张文字卡与 64 张图画卡共同组成，合计 128 张卡片。这种字与画组合搭配，符合中国传统文化《易经》中的阴阳二爻符号理念，《易经》64 卦，384 爻词，用抽象的符号和文字类比万事万物，显化自然界和人类社会的普遍规律。

如果说《易经》是以自然界和人类社会为研究对象，那么，得觉相牌的研究对象就是人。人，是天地之间的精灵，人类有丰富多彩的心理活动和思想情感。不同年龄、不同职业、不同地区、不同生活层面的人在各种生活环境下会产生各种情绪及心境状态。

得觉相牌研发团队经过对生活长期的、深入细致的观察，用科学的研究方法，搜集样本，整理和统计数据，最终确定了当代中国人日常生活中使用频率最高的 64 个字。这些字能够与人的感觉和无意识直接嫁接，可以迅速引领人回归本真，唤醒内心丰富的自我对话。图片选择的是生活中最常见的 64 种场景。一张文字卡和一张图画卡组成一对牌，共有 4096 种组合方式，相牌投射出人们丰富的生活经历和内心世界。

使用者通过无意识的选择，抽牌、读牌，跟内心深处的自己连接，觉察自己的感受、体验，发现深层次的动机、冲突、价值观和愿望、动力源，看到自我对话模式，解读思维模式，探寻生命运行的轨迹……更清晰地看到自己、认识自己、提升自己。

二、得觉相牌的原理

人类都有无意识状态，即做事时随意，做了自己都不知道。相牌通过文字和图画的结合，更好地投射出人的无意识状态。使用过程中，当事人选牌后，对文字、画面做出自己的解读，透露自己的无意识思想。心理咨询师通过对来访者的解读，了解他们的无意识状态，为他们做出心理分析，提出生活建议。

相牌可以直接投射出来访者的自我心态以及无意识的思维习惯，因而在心理咨询和辅导中使用可以有效减轻来访者的阻抗，迅速建立咨访关系，切入问题。相牌自问世以来，已经被应用于心理咨询、学校教育、生活娱乐、投资预测等多个领域，越来越多的人见证了相牌的神奇。

得觉相牌根植于中国传统文化，独特的空心汉字，加之蜡笔画勾勒出的场景、64 张字卡与画卡的阴阳搭配，带有明显的东方色彩，是典型的东方文化符号，使用过程中更容易引发内心的亲切感，引起人们的情感共鸣。

三、应用范围和领域

一是寻求心灵成长的人们，可以借助相牌，以更广的视角，更清晰、更深刻地觉察自我的状态，寻找解决困境的思路，觉察自我对话并引领自己走向预想的生活。如果结合积极的自我暗示，还能够开发更多的生命潜能。

二是心理学工作者可以使用相牌为来访者做咨询辅导，唤醒来访者的内心对话，让来访者看到自己的思维模式和行为模式，更有效地助人自助。目前，一些心理教师运用相牌对学生开展发展性的心理辅导，训练学生的想象力、创造力，开发人的潜能。

三是医学工作者把相牌应用在临床过程中，帮助人们解读自身的心理困惑，处理好心理问题，走上身心整体康复之路。

四是人力资源管理者使用相牌进行团队建设，发现人才，用好人才。

五是相牌在生活中的运用。比如在朋友聚会、家人团聚的时候，运用相牌开展游戏互动，增进亲人朋友之间的相互了解，增进亲密关系。

总之，相由心生，万种心相。得觉理论的灵活性、生活化的特点，决定了得觉相牌在社会生活中广阔的应用领域和使用范围以及不拘一格的使用方法。

四、得觉相牌的优势

借助不同的图案和文字的组合，可以刺激我们发挥创造力和想象力，促进自我认知，增强自我觉察，亲近自己的潜意识，从自己的想法里探究到真实的心理，并且可以自我治疗。

也可以借助得觉相牌来发现、了解、训练我们的倾听和理解能力，增强我们真正听取对方意见的能力，避免批判或竞争的心态。同时，在尊重和保护私人隐私的情况下，也可以借助得觉相牌交流感情、观念、心理，帮助来访者发现自己的盲点，从而使来访者最终自己找到解决困惑的途径和方法，也就是发掘自己的潜能。

第二节　得觉相牌的基本用法

得觉相牌的应用广泛，有多种用途与玩法。自问世至今，已经在心理咨询、学校教育、中医临床等多个领域有不同程度的应用和研究。下面是几种经典的使用方法，当然，你也可以创造新的玩法。

一、得觉相牌使用的基本步骤

步骤一：心定神安。

全然尊重自己，全然信任自己，全然诚实于心；把心安放在静处，排除杂念，专注于内心的感受，意念集中于当下最关心的问题。

步骤二：按规则洗牌抽牌。

文字卡和图画卡分开洗，洗三遍、五遍或者七遍。洗好牌后，把文字卡向左、图画卡向右分别摊开。认真按之前确定的规则抽牌，排列放好。

步骤三：提问。

这是非常关键的一步。在抽牌之前把问题梳理清楚，问题要简洁、具体、明确。比如，你在工作中面临 A 和 B 两难选择，想借助得觉相牌寻求解决之道。不能这样提问：选 A 还是选 B？正确的提问：选 A，我需要面对什么？或者提问：选 B，需要做些什么？问题具有明确的指向性。

步骤四：抽牌。

由抽牌者抽牌，或者由抽牌者抽指定数字的那对牌。文字卡、图画卡各一张组成一对，抽牌数量可以根据实际情况而定。

步骤五：读牌。

根据牌面进行自我对话或咨询引导提问："感觉到什么？""体会到什么？""想到什么？""看到什么？"结合经历和感觉，去体会、参悟相牌给出的启示。

步骤六：行动。

现在活在过去的决定里，未来会活在现在的决定里。一旦确定了目标，就开始行动，奔梦路，在脚下！

二、得觉相牌的常用方法

（一）了解状态，觉察自我——选择三对牌

这种玩法可以帮我们看到自己或他人生命发展的轨迹和趋势。这种玩法不需要提问，按照得觉相牌使用的基本步骤抽出三对牌后，随意打开的第一对牌代表过去，第二对牌代表现在，最后打开的牌代表未来。对相牌做出解读。深入觉察，看清自己的状态，探寻自我对话模式。未来还没有来。如果你想拥有更美好的未来，就要先看到自己的思维模式和行为模式，然后升级你的大脑。

你还可以继续抽一对牌。面向未来提问，或者想一个愿望，为这个问题或愿望抽一对牌……探寻实现愿望的路径。

（二）解决问题，寻找资源——选择五对牌

这种玩法可以让我们聚焦需要解决的问题，看到问题的影响因素是什么，解决问题的资源有哪些。按照相牌使用的基本步骤抽出五对牌，按图4-1摆好牌阵：

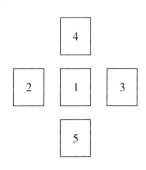

图4-1　五对牌牌阵

第1对牌，代表问题的关键点或者本质；第2、3对牌，代表左右这个问题的主要因素；第4、5对牌，代表新的对策或者可用的资源。

（三）自然丰富，立体人生——选择九对牌

这种玩法也叫九宫格立体人生玩法。按照得觉相牌使用的基本步骤抽出九对牌，如图4-2摆好牌阵，按照图中序号依次开牌，解读。

4	9	2
3	5	7
8	1	6

图4-2　九对牌牌阵

这种玩法可以让我们看到生命更多的层面：优势的部分、缺陷的部分，喜欢的部分、不喜欢的部分，内在的部分、关系的部分……面对你能够面对的，接纳你不能面对的。生命是个自然而然的过程，人生没有弯路，所有你走过的路都是你的路，带着这样的心行走在人生路上，轻松和喜悦自然扑面而来。如果你对《易经》有些了解，会有更深、更有趣的发现。

第三节　得觉相牌在咨询中的引导

一、得觉相牌牌性的分类

得觉相牌融合了阴阳学说、现代心理学、脑科学等的研究成果，具有丰富的内涵。这一点，不仅体现在文字卡和图画卡的阴阳合璧、对应主意识和无意识等方面，也体现在对牌性的区分上。按照"能量"性质，我们对得觉相牌的牌性做了区分：阳（正）性能量、阴（负）性能量、中性能量。

科学早已揭示，宇宙万物的生态形式虽不一样，但本质都是能量。人类、动植物、书籍、水、音乐、图画、文字、语言、电影……通通都有一定的能量水平等级。心理学家经过几十年的研究，甚至揭示出有关人类意识和情感的能量级别图表，喜悦、平和、爱、明智、宽容、主动、自信等情感意识是高能量级，而羞愧、内疚、悲伤、冷淡、恐惧等情感是低能量级。人的能量级别在不同情况下是不一样的，有时能级高，有时能级低，能级的起伏跟人的心境直接相关。

得觉相牌很好地体现了这些研究成果。相牌的 64 张文字卡，分别是——

阳性能量强的字。比如：爱、笑、喜、悦、福、兴、新、顺、成、享、奇、家、获、得、觉、察、学、进等。

阴性能量强的字。比如：气、嫉、谎、恨、累、愧、苦、抑、沮、孤、辱、怒、恐、伤、害、尴、败、烦等。

中性能量的字。比如：父、母、男、女、童、待、循、始、忙、内、陌、宇、队、联、纳、感、停、迫等。

得觉相牌的64张图画卡，分别是——

阳性能量强的画。比如：

阴性能量强的画。比如：

中性能量的画。比如：

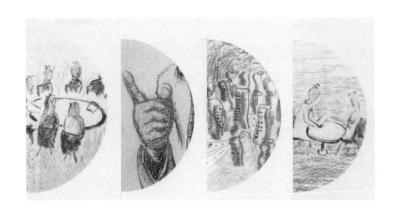

　　这样的划分，并不是绝对的。有些时候，区分能量的性质，需要结合玩牌者的感觉和相牌咨询师的观察——中性能量的牌，玩牌者如果感觉好就可以归属为阳性能量牌，如果感觉不好就可以归属为阴性能量牌。

　　在给得觉相牌的牌性命名的时候，笔者没有使用"正负""阴阳"这些容易引发情绪的表述，而是改用"日月"这样中性的字眼，将相牌分为日牌、月牌、半日牌、半月牌。

　　日牌对应的能量级别是最高的，引申意义包含定、顺、可达成等；能量级别次高的是半日牌，引申意义有待定等；半月牌的能量级别较低，引申意义有待定、阻挠等；能量级别最低的是月牌，引申意义有难定等。

二、不同牌性的咨询引导

牌性	字性	画性	能量级别	引申意义	引导的原则
日牌	阳	阳	最高	定，可达成，顺	关键词：重复。重复并确认玩牌者的关键词
半日牌	阴	阳	较高	待定，有信念，尽己力则成	关键词：动力点。寻找、点燃玩牌者"自"的动力点

续表

牌性	字性	画性	能量级别	引申意义	引导的原则
半月牌	阳	阴	较低	待定，有阻挠，唤醒对话模式，嫁接新思维程序，则变	关键词：接纳。重复提问，发现他的习惯模式，找到动力点，嫁接暗示语，在固有的思维里插入一个新程序
月牌	阴	阴	最低	难定，若妥善改变环境或借外力，则获新生	关键词：改变。要么放弃做别的事，要么改变环境

根据同频共振、同质相吸的原理，当人们抽出相牌以后，便可根据牌面的性质判断其情感能量的水平，并给出具体的指导意见。实战举例如下。

（一）背景介绍

一个还有半年就要参加中考的学生，因为承受不住学业压力而逃学。家长陪伴他来做相牌咨询。在咨询师的帮助下，他对自己目前的学业水平有了正确的自我评估，并根据自己的现实水平，确定了中考目标：达到民办高中录取线。

（二）咨询过程

咨询师让这位同学抽一对牌："看看要达成这个目标，以现在的状态，需要做什么样的准备？"

他抽到的牌是：

同学："这个人在干什么？倚着墙想什么事情?"

同学认识到：自己目前的状态，就像画面上这个倚着墙的人，只有想法没有行动，迷茫不前。

同学自我解读是：对于"女"字，"这个女字就是我妈妈，她看到我现在的样子，很担心，不上班，天天在家陪着我。我和妈妈都要倒下了。"

相牌非常直观地呈现了他目前的状态。同学说："很显然，我要是像现在这样，肯定达不成目标。"

咨询师让他算了一笔时间账，让他产生了紧迫感……他确认了已有的基础和优势，对自己更有信心。几个回合后，再抽一对牌。

他抽到的牌是：

他说："虽然回学校上课，熬到中考，还会像坐监牢一样，但是，我会去忍耐，会像画上的人一样，弯下腰，一寸一寸耕耘。"

（三）个案解析

第一对牌，根据学生的描述，"女"字代表妈妈的状态，画面代表他自己的状态，可以判断牌性是半月牌，能量水平比较低，引申的现实意义是实现目标有阻挠、待定。

针对半月牌代表的能量特点，咨询师在引导的时候，坚持的原则是"唤醒良好的自我对话模式，嫁接新的思维程序，拨动动力点"。学生把能量的关注重点投在了中考压力上，忽视了对自己已有的学习基础和实力的正确认识，因而失去了自信的基础。经过引导，唤醒了他的对话模式，由"我不行"到"我有实力"，看点改变，思维程序改变，能量回升，人的状态就不一样了。

第二对牌是很明显的半日牌，引申的现实意义是待定。相牌的变化引导学生由踌躇不前到决心脚踏实地行动，内心的能量开始流动、回升。针对半日牌的能量特点，引导其坚持的原则是"坚定信念，尽己力，可达成"。咨询师帮助他进一步确认已有的优势，确定合适的中考目标：民办高中，并且细细规划学习和生活，让他相信自己的实力，确信中考不是洪水猛兽，也不是高不可攀，而是经过自己坚持不懈的耕耘可以达成的很现实的目标。他的精神不再飘浮，慢慢地定了下来。一旦精神定下来，他就能够理智地面对自己的成长课题了。

第四节　得觉相牌咨询的案例

得觉相牌是在心理咨询过程中经常被使用的工具。来访者的情况各不相同，得觉咨询方法也是灵活的。所以，咨询过程中，没有固定的套路，没有死板的程序，只有全然、专注地跟来访者在一起，顺时、顺事、顺变，灵活运用得觉相牌、得觉催眠等技术，达到帮助来访者的目标。

一、用得觉相牌帮助来访者面对纠结

（一）背景介绍

"85 后"女子娜娜，"70 后"男子文皓，是正在筹办婚礼的两个人，因为娜娜执意要一个体面的婚礼，而文皓拒不同意，再加上文皓五年前的女友（已婚，已怀孕）因为家里装修怕影响腹中胎儿发育而暂时借住在文皓家里，由此引起了娜娜的误会，两个人到了分手的边缘。他们求助到山东卫视的情感心理援助栏目，希望通过心理援助打开心结。

（二）咨询过程

当他们二人走进心理援助空间以后，老师一手拉着文皓的手，一手拉着娜娜的手，对他们说："欢迎二位走进心理援助空间，让我们一起，打开你的、你的、我们大家的心理困惑，打开心结。"

老师邀请他们二人一起席地而坐，用得觉相牌让他们直观地看到他们心理的纠结到底是什么。

让求助者自己洗牌，文字卡单独洗，图画卡单独洗，老师把两摞相牌摊开在他们面前。

"请你在图牌里面拿一张，在字牌里面拿一张。"老师指着两摞牌，对娜娜下了指令。娜娜抽出一对牌，如下图所示。

老师翻开。

老师问："看到什么？娜娜。"

娜娜答："孤海。"

老师问："海，还有呢？"

娜娜答："一个孤字。"

老师问："体会到什么?"

娜娜停顿了一会儿，说："不说了。"

老师转向文皓，让他想一件事，抽一对牌，给老师。

文皓抽到的牌，如下图。

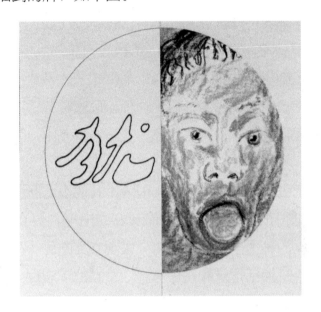

当老师把这对牌打开呈现在两个年轻人面前的时候，娜娜拖着长长的尾音惊叹道："天呐!"

老师指着图画，说："这是惊奇，这是担忧。"

娜娜说："我觉得真的好准啊! 真的。我现在属于那种漂在大海上很孤独的一个人，他是那种心里面很担忧一些事情的人。"

"对，挺好的。"老师确认了他俩的反应。

开局的两对相牌，使现场的咨询很快切入正题。当娜娜发出"天呐"这句惊叹的时候，文皓同时在看着他的牌陷入沉思，表情变得凝重。这意味着他们心理的防御已经放下了，心门已打开。

老师和这对素不相识的年轻人以相牌为媒，迅速建立了咨询关系。

他们心里的纠结到底是什么呢？循着这样的线索，老师让他们每个人连续抽了三对牌，老师把他俩抽的牌混合在一起，背面朝上，握在手里。

老师问文皓："你要这里面的第几张牌？从上到下。"

他要了第七张。

娜娜要了倒数第二张。

老师把牌找出来，递给他俩，让他们同时打开。

娜娜抽到的是字卡——"察"。文皓抽到的也是字卡——"忙"。

对于这两张牌，他俩的陈述：因为婚礼的事情和文皓闹了矛盾以后，娜娜觉得很难过。而文皓前女友的出现，更是让她紧张担忧。她把自己的精力全部调动起来，去观察文皓的一举一动，包括翻看文皓的手机通话记录和短信等，让文皓忙于应付。这让两个人都陷入了不好的情绪中，也因此争吵不断。处在坏情绪中的两个人，容易指责对方，而不会给对方机会澄清误会。于是，两个人的关系越来越恶化。

人在关系很密切的时候，会不在乎自己的语言，会把一些极端的话说给对方。这是因为两人的关系已经很好了，准备进入婚姻了，他们希望在对方的这个时间段里，能够有最完整、最完美的表现。其实人生本来就不完美。当价值取向在某一点上出现冲突的时候，只要一方往前迈一步，或者往后退一步，整个过程就会完全不一样。

在使用得觉相牌把他们的问题呈现出来以后，老师决定用得觉疗法中的自我对话技术帮助他们整理一下经常从他们嘴里蹦出来的极端的话。

　　老师让他们背靠背坐在椅子上，给每人一张纸、一块写字板。让他们把自己经常说对方的、说得最多的话写在板子上。

　　娜娜写了五句话。老师让她从里面选一句最刻骨铭心的话，她选的是：别那么固执。文皓选的一句话是：不要那么任性。老师让他们不停地把他们写下来的话念21遍。

　　在不断地重复这些否定式的语句后，娜娜和文皓都开始发生了变化。这些否定式的语句，会让人产生烦躁的情绪，所以在生活中，跟自己的亲人朋友应该尽量少用否定语态。此时，正是利用否定语态带来的情绪，让他们两个人对自己的行为产生厌烦感。

　　在重复完这些话以后，文皓感悟到："我觉得说这些话的时候欠考虑了，觉得自己不够稳重，说这些干什么，也挺讨厌自己这样的。"

　　老师及时确认他的想法："如果一直有人这么给你念，你确实会很讨厌。"

　　文皓是一个听觉能力很强的人，他把自己的话反复地朗读完，一下悟到了："我一个四十岁的男人，怎么说这样的话。"这一句话，就是他自己顿悟的过程。

　　文皓在这一过程中感受到了自己的不足，但是娜娜因为年龄和阅历的原因，似乎没有马上领会，她一直在强调自己的感受，没有感觉到自己的指责对文皓造成的伤害。于是，老师站到她身边，让她继续念自己的句子，老师则把她的话语里隐含的"指责的姿态"表演给她，指向她。她立即感受到"不舒服"。

　　我们平常有些习惯的话，如"别让我……""不要太……"这样的话，对我们的亲人、朋友、身边的人可能是一种伤害，但是我们自己感觉不到。

老师把娜娜说的话演给她看，当这个行为展示在她面前的时候，她一下就知道了自己的问题，知道了自己应该在哪些地方做出调整。从那一刻起，娜娜就流动起来了，舒畅起来了。

在帮助他们平复了情绪之后，他们开始有耐心、平静下来，听对方解释已有的误会，解决面对的问题。

（三）本案解析

在这个案例中，得觉相牌被用在咨询的第一个环节，起到了帮助当事人看到显化的情绪、迅速建立关系、快速切入问题的作用。通过得觉相牌投射内心，老师引导当事人回忆问题，聚焦问题，觉察纠结的原因，继而帮助当事人处理情绪。

得觉相牌的使用方法也是很灵活的。我们会看到，开始的时候，老师让两个当事人每人抽了一对牌，得觉相牌显示的是两个人目前的生活和心理状态。娜娜的牌是半日牌，文皓的牌是月牌。据此判断文皓的情感能量级别要低于娜娜。为什么会这样呢？仔细分析我们就会知道，文皓四十左右的岁数，他对婚姻的态度跟娜娜不一样，他比娜娜更加现实。所以，当两个人之间出现了问题，他对婚姻前景的担忧要远远高于娜娜。而娜娜被眼前的事情所困扰——文皓的前女友借住在文皓家，误会、猜疑、愤怒、受辱……她更多担心眼前的问题，这些问题使她陷入在情绪里，失去了理性。文皓的困惑比娜娜更深，担忧比娜娜更远。

第一对牌并没有完全呈现二人纠结的原因。根据现场的情况，老师随即决定让他们继续抽牌。抽几对牌呢？每人抽三对。三对牌，如果按照顺序一一开牌的话，每对牌对应的应该是他们过去、现在、未来的状态。但是，老师没有让他们各自一一开牌，而是把他们抽到的牌混合在一起。这么做的原因是：他们二人是准备步入婚姻的夫妻。夫妻是一体的，二人面临的问题，说到底是一个问题，或者说是他们二人共同制造出来的问题。既然是这样，就不需要分别抽牌、分别开牌、分别讲述自己的心路历程——那样只会浪费不必要的时间。只要将二人的牌混在一起，再从中抽出一对就可以了。于是，老师让他们每人报数，从混合在一起的牌里抽出一对。这一对牌——"察"和"忙"字翻开之后，导致二人心理困惑的生活画面就在他们的讲述中一一呈现了。

二、用得觉相牌帮助来访者强化梦想

（一）背景介绍

某重点大学的女学生小杨，21 岁，屡遭比自己大一岁的男友小李的殴打。小李因为对自己的专业不感兴趣，多门功课的考试成绩挂起红灯，失去学习兴趣和信心的他，逃避到网络世界，近半年上网成瘾。小杨屡劝无效，常常在小李面前叹气、给他白眼，做出各种各样的冷脸。小杨的态度没能帮到小李，反而激起了小李的愤怒，于是，在两人吵得不可开交的情况下，小李出手打了小杨，下手一次比一次严重。陷在学业和情感困扰中的两个年轻人向电视台心理援助栏目求助，希望摆脱"魔兽"游戏的困扰，重新享受阳光、自由、快乐的大学生活。

（二）咨询过程

"人的一生最重要的一个本领是学会处理自己的情绪，即提高情商。由于你刚刚进入大学，可能处理情绪的能力不够。所以，老师现在需要你进入一个心理剧，去体验一下每天花很多时间去体验

的世界。老师专门准备了一个电脑屏幕，只是放大了一点，老师要你在这样的游戏里去体验、去感觉，你会去做吗?"老师把小李导入浅催眠的状态，看着他的眼睛说了这段话。小李说："会去做。""为了谁?"老师追问。"为了自己、家人还有朋友。"小李回答。

人一辈子只做一件事情——"逃离痛苦，追求快乐"。持续上网，而且一次上网十几个小时的人，在这种状态下，进入一种自我催眠状态和游戏的浅催眠状态，感觉是非常美好的。要把他们从这种美好、快乐的环境里拽出来，那是"逃离快乐，追求痛苦"，这是一个相当难的挑战。

为了帮助小李脱离虚拟世界对他的控制，老师让他换上游戏世界的服装，并把他带入到更深的催眠状态，让他进入到一个虚拟的世界、一个梦的世界。"让我们把未来五年、十年里需要打的游戏一次打个够，虽然有些游戏会很无聊，但是我们今天要打过瘾。"老师对处于催眠状态里的小李下着指令。

游戏中的人物（演员扮演）被一一从"屏幕"里拉出来。"你靠着他们走过了一段又一段的时间，你和他们一直互动着。我知道现在的你已经很疲惫了，你的身体感觉到这种疲惫。"老师用这样的催眠指令淡化他玩游戏时的快感，去体验真实的人生和精彩的世界，走出游戏的空间。

"你在游戏里很累了。你的心里很清楚，你游戏里的这些朋友也很清楚。告诉老师现在你想走向哪里? 你看到了什么?"

"往前走，看到我毕业了。"催眠状态中的小李回答老师。

老师让催眠状态中的小李跟游戏中的人物鞠躬，一一告别。

接着，老师把小李导入到深度催眠状态，把他的身体变成了人桥，托起了他的女友小杨，让他感受到自己的强大。

在唤醒小李之前，老师通过指令，教给小李处理情绪的自我催眠咒语，让他用这个办法处理以后会出现的不良情绪。

为了巩固心理援助的效果并调整他与小杨的关系，老师决定用得觉相牌强化他对未来的渴望、强化他的梦想。

老师让小李和小杨分别把文字卡和图画卡倒洗了三遍，在桌子上摊开。"想一个你的愿望吧。"老师对小李说，小李认真地想了一会儿。"这边挑一张，这边挑一张，给老师。"老师指着两堆相牌说。小李抽出一对牌递给了老师，如下图。

"第一个愿望是什么？"老师问。

小李说："希望家庭幸福、美满。"

"非常好。"老师把牌摊开给他看，"看到什么？"

"一个感字，旁边有彩虹、一些草。"在老师的引导下，小李按照从文字到画面的顺序，一一描述。

"你觉得这样的画面美满吗？"老师依次询问小李和小杨。

"美满。"他们回答。

"老师也觉得，你只要心中带着彩虹和梦想，就可以品尝到酸甜苦辣。感字上面是一个咸，心中去体会这一切。小杨一直这样关心着你，虽然有些方法不对，但是，作为一个大男人，还是给她一个愿望，为她抽一对牌，好吗？"老师对小李说。小李同意了，伸手为小杨抽出一对牌，如下图。

"你希望她怎么样？"老师问。

"我希望她过得开开心心的，希望她以后幸福。"小李说。

老师把牌摊开给他看。

"秋收了，秋天有什么？"老师用问题引导小杨。

"果实。"

老师重复小杨的回答，又指着字卡说："果实，而且……""一定有。"小杨心领神会地接着老师的话说。

"秋天有果实，而且一定会有的。"老师重复着小杨的话。"太好了，为你高兴。"老师跟小李握手，向他道贺。在这个瞬间，小李的眼睛里突然有了光亮，原先木然的脸上闪过笑意。他真诚地说："谢谢。"

"谈谈你的体会吧。"老师向小李发出邀请。

"我觉得我自己现在已经开始慢慢地在改变了，我女朋友对我的帮助很多。"言语不多的小李，仍旧用很简短的话表达自己，老师能感受到他话里的真诚。

"对，小杨给你的帮助很多，给她说声谢谢吧。"老师重复小李的话，引导他的下一个行为。

小李转过身，很诚恳地对小杨说了声谢谢，还向她深深鞠了一躬。这意外的一个动作，让小杨的脸上终于露出了美丽的笑容。

"小李给你鞠躬了。"老师笑望着她。

"一切都是值得的，至少一切都没有白费，我坚持到了今天。"小杨的声音里带着哽咽。

"不是坚持，是执着。你执着到了今天。"老师修正着小杨的话，给她的行为赋予积极的意义。

"跟爸爸妈妈沟通起来有点难，没有关系，给他们说一句话吧。"老师又转向小李。

这次，小李很认真地从椅子上站起身，面向镜头，鞠躬，说："感谢爸爸妈妈一直支持我，一直鼓励我。你们爱我的心，一直都没有变。我真的非常、非常感谢你们。"小李又是深深地鞠躬。

此时，小李和小杨的眼神里多了些柔和和温暖。老师高兴地伸出双手跟小李击掌。

（三）案例解析

这个案例中，相牌被放在最后一个环节使用，起到了巩固、强化辅导效果的作用。之前小李在考试挂科的情况下，逃避学业、沉迷网络，完全在小小我的格局里面，不考虑父母和女友的感受。经过咨询，他的格局打开了——他的愿望是希望家庭美满幸福，从只关注自我，扩大到关注家庭。这是一个很大的进步。

小李给女友抽的牌能量相对低一点，两人被伤害的感情要想修复，需要一段比较长的时间。老师在引导的时候，用"执着""一定会有果实"这样的字眼，把他们的看点调整到积极阳光的一面，种下梦想、强化信念。

三、用得觉相牌帮助来访者找寻愿望

（一）背景介绍

河南南阳一个 26 岁的小伙子小李，从部队复员以后，3 年来一直宅在家里，每天都要听邓丽君的歌、唱邓丽君的歌，不出门工作也不出门学习，是个彻头彻脑的"啃老族"。小李 53 岁的母亲给心理援助栏目组打电话，希望栏目组能帮助儿子走出家门，融入社会。

求助者小李身高一米八，身体健康，四肢发达，上过大学，当过兵。小李小的时候，因为爸爸是当地为数不多的律师，工作很忙，妈妈也把大部分精力用于帮助爸爸打理工作，把他交给奶奶照看。初中的时候，因为被同学欺负，小李不敢上学，也不敢跟家长说，于是辍学在家。青春期的他没有学会如何面对挑战，而是选择了简单的方式——逃避，家，是他认为最安全的避难所。初中辍学后，小李参军，复员后，家里给他联系了一所法律学校让他继续读书，可是上了一个学期后，他就逃回家，坚决不再上学了。然后又从事了几份工作后，小李彻底逃回家，再也不肯出门。学业和工作的失败，让他很自卑、失望、郁闷、苦闷，有种"说不出来的纠

结"。常年在家不工作，让小李跟家人之间关系紧张。妈妈认为他"百分之百没有价值，也没有创造出什么价值"。小李则说："只要我说什么话，母亲都有不同意见，而且会说很难听的话，说我有神经病，要给医院打电话让他们来接我。"

（二）咨询过程

为了帮助小李找回失去的自信和勇气，并且帮助他调整与妈妈之间的关系，老师把母子二人一起请进了心理治疗空间。

老师首先采用了游戏的方式，给母子二人带来一些不一样的感受。老师让他们分别在一张 A4 纸的四个角写上自己认为最重要的四个人的名字，对折，再对折，然后交换。用中指和食指夹住交换后的纸，放在脑后，转几个圈儿，撕掉两个角，最后把纸放在面前，打开。

"为什么会这样？"纸被打开以后，看到被撕得残缺破损的纸，母子二人同时感到诧异。

"有什么感觉？你认为重要的人都被对方撕光了？"老师开始用问题引导他们的思考。在他们有了新奇感并疑惑不已的时候，老师把答案抛给他们："这个游戏告诉我们一个很有意思的概念，就是你认为重要的事情，拿给你儿子，他认为不重要，撕掉了；他认为重要的事情，拿给你，你认为不重要，也撕掉了。你们俩在交往中就是这样。因为妈妈是有经历的人，况且你已经是妈妈了。儿子觉得重要的事情，你觉得重要的时候，他才会觉得你的事情重要。当你慢慢习惯于觉得他的事情很重要的时候，他也觉得你的事情很重要了。你们俩之间才会有真正的连接。他才会真正地感觉到一些东西。"老师用撕纸游戏引起他们的新奇感，趁机让他们认识到他们之间互动模式中存在的问题。母子二人听了，频频点头。老师又分别让二人握住老师的手，把老师刚才的话重复一遍，用体感强化他们的认识。这是一个技巧，也是一个方法，是他们过去习惯里没有的东西。人与人之间有效的沟通方式，不是你说了多少，而是你有没有听进去别人说的。这一对母子之间的互动，多年以来一直是以自我的价值观、自我感觉为中心，没有关注和尊重对方的感受、对方的价值观，所以导致了他们之间的问题得不到有效解决，反而把关系也破坏了。

为了强化他们的认识，老师又教给他们一个手指游戏。十指交叉握在一起，他们说感觉很自然。换一个方式，用自己不习惯的方式重新交叉握住，他们都说感到别扭。"现在你们俩的关系就是这样的，儿子让妈妈这样做，妈妈是不是感到很不舒服？妈妈让儿子这样做，儿子是不是也感到很不舒服？可是，你们看得出来对方的不舒服吗？看不出来！"人们都活在自己的习惯中，一旦习惯被改变，就会觉得不舒服。但是，往往我们都是在拿自己的习惯去要求别人，这种习惯不同带来的不舒适就会产生矛盾。接下来，老师让他们通过协调自己身体的习惯来协调他们的思维习惯，让他们产生思维上的连接。母子二人每个人出一只手，做21遍十指交叉的练习，再换另一只手做练习。小李和妈妈反复做着这个看似机械的游戏，但是从他们的表情可以看出这个游戏对他们产生了影响。逐渐地，两个人的动作越来越协调。这个方法看似简单，但是一直做一直做，感觉就有了，关系就和谐了。老师给他们布置了一个作业，回家继续做这个练习，并且也让小李的爸爸一起做这个练习。

前面的两个环节，老师运用得觉疗法里的简单实用的技巧，调整他们的思维习惯和看点，引起他们对对方的重视，让他们之间开始互动起来，交流起来。

　　"每个人对未来都会有很多的想法，我们的心里也会有很多的东西。"老师拿出相牌，边洗牌边说。小李虽然现在"宅"在家里，但是他一直想走出去，他对自己的未来还是有很多的期望。在这些期望中，有的不切实际，一旦去实施，就会让他受到打击而一蹶不振；有的，则是他真正该去努力的方向。在接下来的治疗中，老师将借助相牌剔除小李思想中那些不切实际的愿望，并给小李和他的妈妈植入一个积极的愿望和正确的方向。

　　"谁先想到愿望谁先拿牌。"老师对母子二人说。

　　妈妈先想到了。老师让她分别挑出一张文字卡、一张图画卡，不要打开，先给老师。小李也想到了自己的愿望，给自己抽了一对牌。

　　妈妈先说出了自己的愿望："想让儿子赶快走向社会。"妈妈抽到的牌是（如下图）：

"你要有耐心哦，等着就是了。"老师指着牌对妈妈说。

妈妈说："对，我现在的愿望急不得，确实要等待。"

小李的愿望是："想成为邓丽君那样出名的歌星。"他抽到的牌是（如下图）：

这对牌，小李感受到的并不是成功，而是一种不好的感觉。所以，他又坚决地抽了一对牌（如下图），并说出了自己的第二个愿望"成为公司白领"。

这是一个神奇的事情，想成为公司白领，首先需要走出去，走向社会，投入到社会，他已经开始了。老师给母子二人分析相牌。"谁能帮你？"老师转而问小李。小李说："我自己。"

老师说："对了，想实现愿望，要自己走出去，谁都帮不了你。妈妈同意吗？"

"同意。"

"来，我们两个人来跟他握手，一个人握住一只。"老师让小李的妈妈和老师一起跟小李握手，用体感强化他的承诺。

"加油啊，谁都靠不了，靠谁呢？"老师让他再次确认。

"靠自己。"

在给小李植入了这个积极的愿望后，老师要做的下一步就是让这个愿望在他的意识里生根发芽。老师采用抽离人格的方法，把小李头脑中几个关键时期的自我呈现在他的眼前，并用最积极的自我引导他前行。

"你是一个大脑思维能力很强的人，当你在外面遇到挫折的时候，大脑就开始对话：回家吧回家吧，你就回来了。""可一回家以后，你大脑里又开始对话：出去吧出去吧，可能你又想出去了。""你的大脑里会有两个人，或者三个人，在打架，会有很多的体验。"

小李同意老师对他的分析。"老师给你一个方法，把你曾经经历的、在意的故事，重新体会一下，感觉一下，好不好？"

人在遇到挫折的时候，大脑里会生很多的"念"，而这些"念"会影响人们，让人产生很多的情绪，让人退缩。同时，也是这些"念"可以帮助人们不断往前。这就是老师在小李身上看到的最可以用的地方。老师让他在不同的状态下体验他大脑里和他一直说话的那几个"自我"。老师让助手分别扮演了孩童期十岁的小李和现在"宅"在家里迷恋邓丽君的小李，还有未来希望成为白领的小李，以及一个助手扮演"邓丽君"。老师让小李选择先跟他们中的某一个人说话，他先选择了"邓丽君"。

"邓丽君，我很爱你，很喜欢你的作品，也喜欢你的为人。"小李说。

"邓丽君，如果你真的在那里，听到小李这些话，你真实的体验是什么？"老师问邓丽君的扮演者。

"我觉得小李是一个特别有理想的人，他喜欢音乐，喜欢唱歌。"邓丽君的扮演者说。

"小李，她说这些话的时候，你有什么感觉，那是你想要的吗？"

"没有什么感觉，不是我想要的。"小李说。

老师又让小李跟十岁时候的他的扮演者说几句话。"我讨厌十岁时候的我，不过我挺喜欢十岁时候我的笑脸。十岁已经是我的过去时，我不想再为以前的事烦恼。"小李说。

小李的扮演者说自己的感受："十岁时候的经历不怎么好，心情不怎么痛快。"

老师让小李转向白领时候的他的扮演者，小李说："不太喜欢。"老师让他进入到镜框里面，把那个扮演者替换出来，让两个人互换角色。

"你是现在的小李，告诉老师，现在的你是啥感觉?"老师问坐在椅子上的白领时期小李的扮演者。

"陌生。"他回答。老师让他对站在镜框里的小李说几句话，他说："有时候你想要成为的那个人不一定是你真正想要的。你想以后成为白领，当真正做到的时候，可能不喜欢。"

老师问小李听到这话的感觉，小李说："可能是吧，就像他说的那样。"

老师走到他跟前问："那你还要吗?"

"不要了。"

"别人说了你，你马上就不要了，那你究竟想要什么?"老师质问他。

老师把他的面具拿开，"你还是做真正的你自己吧。""你现在告诉老师，你以后想做什么?"老师又一次问他。

"想做白领。"

"那是你要的吗?"

"如果当不上白领的话，那就……"他的眼神左右飘忽，迟疑地说。

"你怎么知道你当不了白领呢?"老师靠前一步，继续追问。

"你当过兵吗? 你能当兵吗? 你当下来了没有?"老师步步

紧跟。

"当过，我能，我当下来了。"

"对啊，当一个人知道自己干不了一件事情的时候，其实这个人也知道自己可以干得了另一件事，这个思维是一样的。你从来都没有去试过，你怎么知道你不能做呢？"老师盯着他的眼睛，严肃地说。

停顿，他笑了。小李似乎顿悟，说："是啊，我还没去做，怎么知道我不能做呢？"

"5公里你跑下来了没有？你当时也觉得你跑不下来，可是最后你还是跑下来了。跑下来就是小菜一碟。"老师用他已有的资源催眠他。

"对对对。"他的笑容很真实，神情不再飘忽。

"咱们就把白领当成跑步，可以吗？5公里嘛！"

"可以，可以！"他很确定地说，他的自信找到了基点。

"5公里嘛！越野嘛！我们无需把标准定那么高，但我们可以养活自己。"老师给他一个合理、合适的标准，把他不切实际的愿望进一步拉向现实的生活，让他的愿望生根。

"现在给坐在那里的曾经的你说几句话。就是刚才的那个你，他坐在那里，每次都跑回家，一米八的个子，一个大男人，而且还当过兵，5公里都跑下来了！"老师提高嗓门吼他。

小李对自己说："你很棒，你很壮，你很强。"

老师接过他的话，又扔回给他。"你很壮，你很强，可你还是待在家里。"

小李："不行。"他摇头说。

老师："你就是待在家里！"

小李："不行。"

老师："你恰恰就是待在家里！！"

小李："不行！"

老师："妈妈还不愿意你待在家里！！"

小李："不行！不喜欢这样。"

老师："真的不喜欢？"

小李："对！那我该怎么样呢？"他问自己一个问题。

老师："对啊，那你该怎么样呢？"

小李："出去工作。对，出去工作。"

老师："愿意吗？是真的愿意？你愿意一直待在那里吗？告诉老师你受够了吗？如果继续延续你愿意吗？十年、二十年、三十年，你就还像现在这样，要不要？"老师逼近到他眼前。

小李："不要！"

老师："真的要不要？大声地告诉我！"老师使出浑身力气吼他，催眠。

小李："不要！"

"如果继续延续，今天、明天，今年、明年，你想想再过十年、二十年，你一如既往。所以老师帮你把你不想要的面具拿走，让你回归到真实的你自己。"

（三）案例解析

在个案中，相牌被用在治疗的中间环节。当事人小李，对于未来的生活有很多不切实际的愿望，也有真实的、现实的愿望。用相牌投射他无意识中对这些愿望的真实态度，剔除那些不合理的愿望，植入一个积极的愿望是咨询取得效果的关键点。

小李的第一个愿望：成为邓丽君那样的大明星。对应的相牌是情感能量级别最低的月牌，他自然会感觉不好。月牌包含"难定、空望"这样的引申意义。咨询时应该坚持的原则是：妥善改变环境或充分借助外力则成。这便意味着小李的这个愿望基本是虚幻不实的、渺茫的，对此，咨询师应该心里有数。老师在咨询过程中并没有点破，因为小李已经感觉到不好了，他的无意识已经完全收到了相牌传递给他的信息。

小李的第二个愿望：成为公司白领。对应的相牌是情感能量等级水平比较高的半日牌，可见这是个比较切合实际的愿望。这样的牌，老师在咨询中坚持的原则是：帮助当事人坚定自己的信念，尽己力则成。于是，在后续的环节中，老师锁定了这个现实的、积极的愿望，运用得觉疗法中的催眠、自我对话等多种技巧，很好地达成了咨询目标。

老师让他在镜框里互换角色，让他看到真实的自己，让他进入自己真实的白领的区域，体会白领的角色。一进去他就有压力了，老师可以感觉到，他原来的习惯思维立刻就跳出来了——逃避。老师严厉地唤醒他内心深处真实的、强大的男人的一面，这是他走向新生活的强大的动力源。

在唤醒了小李后，老师用催眠帮助小李接受并且认可他的白领身份，并引导他用这个积极愿望和这份自信走出家门，走向社会。

人在成长的过程中，在遇到挫折的时候，都会找到很多的借口、很多的理由、很多让自己放松的方式，"宅"在家里，只是他在遇到挫折的时候一种方式、一种途径而已，把这些东西一一展现给他，找到支撑他内心往前走的最真实的动力点，帮助他走出第一步。这一步，其实饱含挑战，可是他只要肢体舒展，想起今天的场景，给自己说：带着笑容往前走，忙起来，他的情绪立刻会平复。老师还教了小李的妈妈如何跟儿子对话，这些都是帮助儿子成长的一个过程。

第五章　得觉咨询师的修养

第一节　得觉咨询师的基本素养

从事任何职业，都需要具备一定的专业修养，得觉咨询师也不例外。作为一个运用得觉咨询理论和方法，遵循心理咨询"助人自助"原则，帮助求助者解除心理问题的专业人员，得觉心理咨询师一般需要具备如下素养。

一、德

德，是做人的根本行为规范，是遵循自然规律去做事的态度与方法，是得觉咨询师自我修养的总纲。德字的"彳"，揭示德的关键在于行动。德右上角的"十"代表目标，"十"还有一层含义，即做人有十德：东方传统文化倡导的仁、义、礼、智、信、忠、孝、节、勇、和。德字右下角的"一心"，表示专一；右边中间横写的"目"，代表看的意思；合起来就是一心一意，紧盯目标，有的放矢，看得正、想得正、行得正的处世准则。

一个人的德会深深地嵌入到他的每一个细胞中，自然万物都会感知人的德薄德重。对得觉咨询师来说，德的修养是最重要、最根本的修养。修德做事，必须效法天道，顺应自然的规律、顺应国家的发展、顺应社会的发展、顺应内心自我对话模式，一念一行都能够做到内修于心、外施于行，自己具备快乐喜悦的能力，并且具有足够的能量去帮助需要帮助的人，懂得德施、德泽，去完成得觉咨询师的使命。

得觉咨询师具有良好的品德，便能做到不急功近利，不陷入在"小我"里，因为"小我"的人会产生"小我"的投射，这种投射会对来访者产生误导。但同时拥有"大我"并不是要咨询师扮演"救世主"的角色，一个人把自己当成救世主的时候，这个人已经进入魔道了。咨询师需要经过系统、正规的训练，必须有良好的心态和自我成长的觉察，愿意改变、愿意付出。

得觉自我理论对德字的解释是："自"产生的正念由"我"的行动来达到完整准确的显化，"我"的言语、行为合乎天道，顺应社会，即正念善行，这就谓之有德。德是自我对话系统的升华，是自我内在和谐的表达，是整个能量提升的过程。自然界的树木会朝两个方向成长，根基越深，立世越稳健，生命的层次就越高。生命境界的升华，离不开厚德。所以，得觉咨询师要修心修德，拥有不一样的生命体验和感悟，完成顺道的使命。

二、勤

勤字右边的"力"字旁，代表努力、尽力、全力以赴。得觉是什么呢？得觉是得到觉悟的意思。得觉的得，拆成三部分，即"彳""日""一寸"。"彳"表示"自"与"我"对话，"日"表示每一天，"一寸"表示细微的对话内容，也表示每天都在成长。"觉"字拆开来解读，就是"看见"每天的自我对话和一点一滴的成长，并且"享受头上的光环"。得觉二字本身就有勤的内涵，时时刻刻地自我觉知，每天都在觉察自我对话的模式，觉察自我的状态，在动态中调整自我，从不平衡到平衡，从平衡到和谐，每天都在成长。这就是努力，这就是勤奋。

当一个人能够深刻了悟生命的自然规律，懂得躯体之路的有限、精神之路的无限，当一个人找到了自己此生的使命，树立了清晰而长远的目标，他就会全力以赴地投入进去，成为活在目标里的人，他就会像火凤凰一样，不知疲倦、永不停歇地飞翔……当一个人这样走过、经过、路过，生命的过程就是一个自然而然的过程，这就是全力以赴，这就是日日精进，这就是勤奋的最高境界。

得觉咨询师在学习的层面要勤，在自我成长的层面要勤，在家庭生活的层面要勤，在工作的层面要勤，在社会的层面也要勤……要成为一个勤奋的学习者、深刻的体悟者、随时随处的精进者。勤于学习，勤于觉察，勤于用心，勤于做事。简单的事情重复做，重复的事情用心做。勤奋是我们让自己和世界更加美好的一种方式。

三、能

能，即能力。得觉认为，能力分为智能和慧能。智，拆开来就是"日"和"知"，每日有所知。学习别人积累的基本常识和重要经验，日积月累，就会形成一种能力，叫作智能。智能是通过学习获得的"我"的层面的能力，是把别人的"知"安装到自己的"我"的程序里，表现出来就叫作聪。智能的提高需要有所作为，需要日日努力使"知"增进。把学来并积累的"知"内化，让自己具备辨别力，形成自己的见解，能用语言描述，叫作有识。慧拆开来就是"彗"和"心"，借"彗（扫帚）"除去"心"之尘使心

"明"，这样的人就会获得净识而非妄识，久之就会形成一种能力，叫作慧能，表现出来就叫作明。慧能是在生活中学到的，是"自"里的程序，涤除一切假象伪知，含有不为之意，这样的人懂得取舍，知道自己不要什么。智能增识让人聪，慧能净识让人明，有智无慧增妄识。所以，得觉咨询师需要增加真知，去除妄知，清心明性，方显得觉。

得觉咨询师智能的提高，需要通过学习这条途径，理解和掌握得觉咨询的专业知识、技能、思维方法等。得觉咨询师慧能的提高，需要把学到的知识和经验在生活里扎根，在生活中运用，提高认识自我、平衡自我、处理情绪、人际交往及读懂社会和自然的能力……确认自己与众不同之处，更真诚地面对自己，更立体地看待生命，更自然地顺应社会，更喜悦地面对生活。

得觉咨询师首先要提高处理自己情绪的能力。得觉认为情绪是一种能量，能量无好坏之分，正能量要用，负能量要存。处理情绪的速度等于成功的速度，情绪处理能力强的人，生命的能量不会无为地浪费和内耗，内耗得少了，能量就强了，成长就加速了。

得觉咨询师还需要具备一个重要的能力，就是化解固有价值观的能力。以往的教育和社会文化的熏陶，已经在人的"我"的层面里安装了各种各样价值观。当咨询师面对来访者的时候，会有意无意地受到这些价值观的影响，戴着有色眼镜看来访者，把"小我"的观点投射到来访者身上，不能全然地接收来访者的准确信息，这必然会影响咨询效果。所以，得觉咨询师需要觉察和化解自己的价值观，清空自己的心，不带任何主观评判与来访者互动。

四、义

义的繁体字为義，上有"羊"有"美"，下有"我"。中国传统文化把公正合宜、合乎正义或公道的行为视为美。得觉认为把自己的"小我"放下，坚持正义、公义、合宜的道理，摆脱私欲和贪欲，出于公心，作为纯正，就是义。

中国传统文化把义作为人生的终极目标和价值取向，认为义包含大义、正义、公平、公正、公道、合宜、应该之意。守义的人重亲情、重友情、重恩情，懂得关照、提携、成就他人；守义的人利他，不会损害和出卖他人的利益；守义的人有公心，不会出卖团队、国家和民族的利益，也不会做出有损社会大众，对人类、对自然有害的事。

得觉把生命的格局分为六个层次，依次是：小小我——只关注自己；小我——只关注家庭；自我——关注集体、团队、家族；我们——关注国家；大我——关注人类的发展、进化、繁衍；真我——关注自然界、宇宙的变化。大格局为什么很重要呢？因为格局小的人是贫乏的、低能量的，需要经常向外求，向别人索取来满足自己，所以自私自利；格局小的人器量小、局限多，心里装不下别人，很难包容别人，把生命的能量消耗在跟自己怄气上，所以成就感低，不快乐。得觉倡导人们打开生命的格局，突破"小我"的限制，建立天地人格，爱自己、爱他人、爱集体、爱国家、爱自然，以公义的心、公正的理、合宜的行、纯真的情成就生命的精彩。

得觉咨询师需要加强自我修炼，在"自"里很专注，提升快乐的能力，增加"自"的能量；在"我"里很认真，扮演好在家庭、在社会、在国家中的各种角色，提升"我"的格局。自我和谐，成就"大器""大义"。

五、信

信的第一层含义是诚信。"人""言"为"信"，信，就是人说的话。"讠""成"为"诚"，人说出来的话，听者确信不疑，就是"诚"。"诚信"是儒家为人之道的中心思想。儒家倡导立身处世当效法天道，以诚信为本，做到真实可信。说话、做事诚实可靠，信守诺言、言行一致、诚实不欺。

得觉自我理论对信有如下解读。信是"我"的表达方式。"我"是什么呢？"我"是用来对外交流的，是面具，是角色，是标签。每个人在生活中都有各种各样的角色。比如，在家庭中，"我"都扮演哪些角色呢？"我"是一个儿子，一个兄长，一个丈夫，一个父亲，等等。在社会中，"我"又扮演哪些角色呢？"我"是一个大学教授，一个上司，一个下属，一个同事，一个心理咨询师，一个驾驶员，一个消费者，等等。每个角色，都对应着相应的责任，如家庭责任、社会责任、公民责任等，有责任就会带来压力。"我"在扮演各种角色的时候，会通过语言、行为、眼神、表情等表达"我"的状态，这些语言、行为、眼神、表情等就是我与外界交流的信，信就是"我"的表达方式。"我"表达的信会被别人看到、听到、感觉到，别人收到了就叫作息，这就是"我"与外界的信息交流。在"我"与外界的交流中，别人通过"我"发出的信——我说的、我做的、我的态度形成对"我"的印象，形成"我"在别人心目中的形象。"我"很律己，"我"有能力，"我"勤奋，"我"有责任心，"我"勇于担当，"我"吃苦耐劳，"我"言谈举止得体，

"我"不光在单位敬业，在家也敬业，"我"孝敬老人，爱护儿女。"我"的角色演得好，演得尽职，别人就会"信"我。在别人眼里，"我"就是一个诚信的人，一个值得信任的人，一个有责任感的人，一个有能力的人。

信的第二层含义是信念。把信念两个字拆开来释义，信是"人""言"，"念"是"今""心"，两个字合起来，就是"人每天在心里对自己说的话"，是自己内在的愿望和需要。当这些"念"朝向一个方向，自动自发、每天重复、自己确信不疑的时候，就形成信念。信念不需要理由，信念是人的心理动力，坚定的信念可以最大限度地激发人的潜能，点燃生命的激情，有信念的人无所畏惧，生命的能量就像激光，专注在自己天分的领域，自然而然，带给人类幸福，带给世界希望。

从信的角度对得觉咨询师的要求有两个层面。一是"我"的层面，首先需要明确自己的各种角色，能够履行好自己的责任，在"我"里认真投入：不单要修好自己的专业，做好自己的本职工作，更要过好自己的生活。得觉咨询师的角色，不是固化的、单一的，应该是多面的、流动的。在什么场合就演什么角色，在哪个角色里就专注地演好哪个角色，能够平衡自己的工作、学习和生活，理顺自己的家庭系统、家族系统。二是"自"的层面，"自"生"念"，信念，是"自"里的程序。得觉咨询师要找到自己的天分，明确自己的人生目标，以造福全人类为自己的使命，让自己的生命升华。

六、善

善字上面的部分是两只羊，下面是一张口。羊头代表自然规律，即"道"，两只羊首尾相连，代表自然规律周而复始、循环往复、无穷无尽的特点。"口"代表人的需要。人的需要分为不同层次，有生理的需要、安全的需要、情感的需要、精神的需要等，具体到每个生命个体的需要又是因人而异、千差万别的。但是，趋乐避苦是人类的本能需要，人的一生一直在做一件事——逃离痛苦，追求快乐。得觉顺应自然规律，顺应人的发展需求，找到了这种带给全人类智慧、喜悦、和谐、幸福的力量，得觉发现这种力量既神奇又平凡，它从每个人的心灵里来，最终会带给人们平安吉祥、快乐安康，这就是得觉的力量。传播这种力量，帮助人们获得喜悦的智慧、幸福的生活、快乐的成长、和谐的发展，促进整个社会环境的流动与和谐，成为得觉人的使命，成为得觉人代代传承的事业。得觉从全人类的共同需求出发，循道而行，这是大善。

得觉咨询师的善，首先体现在对人和对咨询工作基本问题的认识上。得觉倡导"扬优纳缺"，认为"缺陷让人独一无二，缺陷让人与众不同""用人之所短，天下无可用之人；用人之所长，天下无不可用之人"。人人都为使命而来，每个人的存在有自己的价值。"缺"不需要补，补缺是在做别人，扬优才是做自己。这样的认识，体现了得觉对所有生命个体的尊重，这是真正的接纳、真正的包容、真正的慈悲。得觉认为人生没有弯路，人所走的都是自己该走的路，"所有发生的事都是好事，如果不是好事，说明还没到最后"。得觉认为一切发生都是自然而然的事情，经历、创伤和问题都是人生的资源，主张把看点放在积极阳光的一面，带着喜悦去面对生活，所以咨询过程中不会像传统咨询那样去挖伤痛，而是用得觉式的提问引导新的看点，提升来访者的精神境界，引领生命成长。咨询师精神境界的层次，贯穿在整个助人过程中，决定着助人的品质。怎样才是助人？怎样的帮助才是别人真正需要的？怎样的帮助才是高品质的？得觉对这些问题做出了智慧的回答。

得觉咨询师的善，不仅表现在"我"的层面要树立得觉的价值观，还要通过"我"言、"我"行把"我"的价值观显化出来，更高的要求是在"自"的层面有善"念"，从源头上做到"善"。所以得觉咨询师在生活中和咨询过程中，都要生善心善念、显善行善言。

得觉咨询师的善，在根本上的表现是"知善致善"，把造福全人类作为自己的使命。得觉人有仁爱之心，教人、助人而不求回报，得觉倡导"记情"，把情流动出去，给更多的人。得觉人自我修善，智慧富有，得觉人走到哪里，哪里都是喜悦，惠及社会，善及大众。

七、正

正字，可以拆为"止"和"一"。"止"于"一"为正。正字上下各有一横，上面的"一"代表"天"，下面的"一"代表"地"，人活在天地之间。天地人，曰三才。《易经》记载"乾为天、为父""坤为地、为母"，人为天地好生之德所产毓之英华，人类得天独厚，有最高之性灵。三才之道，总称为天理。道家提出"人法地，地法天，天法道，道法自然"。人为天地所生，当然不能违乎天地之道，当顺天之道以善其身。天理即自然之理，自然之道。天地万物皆不能违乎自然之道。"止"于"一"，"一"就是天道，就是自然之道。

人生，人从生到死，躯体的生命是有长度的，但是精神可以顺应天道，一直向上，一直延续。按照人在天地之间修炼的层次，可以把人分为真人、至人、圣人、贤人、俗人。在俗人的层次，人的精神是"迷"的，不得不觉。"迷"则方向不明，人就容易陷入在"小我"里，受到各种"欲"的控制，自我纠结，自我挣扎。得觉把人生的境界分为四种状态，不得不觉为下，得而不觉为中，有得有觉为上，不得而觉上上者。"人生唯一字，觉也。""止"于"一"，"一"也就是"觉"，即人的精神成长目标，循天地之道以达到觉的境界。

得觉认为"正"也是当下，当下的发生就是"正"。得觉倡导咨询师做到正念正言正行，专注当下，不偏不倚中正做人。得觉咨询师要时时刻刻地觉察：自己的念是不是正的？言行是不是正的？所念所言所行是不是踩在自然之道上？

第二节　熟练掌握得觉读人的技巧

得觉理论认为，读人如同读书，阅人亦同阅己。读万卷书，不如行万里路；行万里路，不如阅人无数。得觉读人一共有 6 种方法。

一、色彩读人

根据人的个性特点，把人分为以下几种类型。

第一，红色的人：善于交际，打扮自己，注重自己的外形，这种人喜欢竞争，行动力强，速度快，进攻性强，喜欢金钱，所以企业中需要竞争的事情或收欠款的事情都可以让这种人去做，成功的概率比较大。这种人最大的特点就是在竞争中获得刺激和惊喜。红色的人能挣到钱。这种人一出来你看到的是大气、富贵、强势、领导之类的气场。

第二，黄色的人：打扮休闲，衣着随意，喜欢奉献自己，喜欢做公益事业，不好意思谈钱，在奉献中忙碌，能够兼顾很多事情，甚至放下自己的事情去帮别人的忙。

第三，蓝色的人：喜欢冒险，打扮怪异个性，也称"背包族"，喜欢去寻找刺激和探秘世界，如旅游、好吃、会吃、喜欢吃有特色的东西，热衷于谈吃。在企业中，市场调研一般让蓝色的人去做。李白就是此类人，汪伦邀请他去喝酒，有十里桃，有万罐酒，李白就去了。

第四，绿色的人：这种人相对比较少，7%的人属于绿色性格的人，常说的话是"拿证据来"，适合搞研究，踏实细致、性情古怪，人际关系一般。在企业中，新产品的研发一般让这种人去比较适合。

二、眼动读人

人在接收信息时，会用不同的内感觉，外显出来就是不同的眼动。我们可以通过观察人的眼睛来读人。向对方提一个问题，比如："三天前，你在哪里吃的饭？"然后，一边听对方回答，一边观察他的眼睛。眼睛往上看的属于视觉型人，眼睛左右看的属于内听觉型人，眼睛往下转的属于内感觉型人。三种类型的人具有不同的特点。

视觉型人喜欢穿比较紧身的衣服，别人赞美的时候视觉型人眼睛喜欢往上看。此类型的人喜欢忙碌的感觉，听话只听重点。要赞美视觉型人一定要有肢体动作：眼睛喜欢往右上看的赞美时需要帮助他联想未来，眼睛喜欢往左上看的赞美时需要帮助他联想过去。

听觉型人在听到赞美时眼睛喜欢平视。这种人喜欢听到有节律的、起伏的话语，在乎细节，听音乐效果很好，喜欢安静。

感觉型人喜欢别人赞美感受，喜欢亲手做很多事情，也比较喜欢忙碌。

三、位置（场景）读人

当一个人走进一个新的空间，他会选择一个让自己舒服的位置，不同的位置反映不同的人的特点。比如听课的时候，有的人一直在一个位置听课。一般来说，坐在讲课者左边的人和坐到最后的人批判性更高，右边的人接纳程度更高。

位置可以让我们了解来访者，比如咨询开始，咨询师会让来访者自己选一个舒服的位置坐下来，了解他对咨询和对咨询师的接纳程度。咨询关系建立之后，得觉咨询师会有意识地调整来访者的位置，这本身也是对来访者行为和体感的训练，因为要成为与过去不一样的人，必须先进入不习惯，打破习惯，进入新的习惯去，打开生活的天地。

四、思维读人

让一个人迅速让自己的双手十指交叉，越快越好，然后观察他是左手拇指在上面还是右手拇指在上面。左手拇指在上的人右脑功能占优势，右手拇指在上的人左脑功能占优势。

这两种不同思维习惯的人有什么特点？我们先来了解一下左右脑的不同功能，如图 5-1 所示：

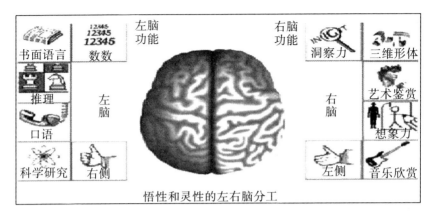

左脑功能　右脑功能

悟性和灵性的左右脑分工

图5-1　左右脑的功能图

左脑具有语言、认知、概念、数字、分析、逻辑推理等功能，右脑具有艺术鉴赏、音乐绘画、运动、空间想象、创造力、综合等功能。

习惯左脑思维的人，可能具备以下特点：对数字敏感、逻辑推理能力强、语言能力和科研能力强。这种人最大的特点是喜欢讲道理，凡事评判，他们经常说的话是：是不是真的？你可能是在吹牛喔！

习惯右脑思维的人，则可能具备以下特点：洞察能力强，空间想象能力丰富，艺术鉴赏能力强，很会欣赏音乐。习惯用右脑的人，突出的特点是执行力强，喜欢新鲜事物。

两种不同思维习惯的人，交往过程中可能会出现这样的冲突：习惯右脑思维的人，做事的时候，行动力强，他的内心对话是："要做就快去做，光说没用！""唠唠叨叨的，说清楚就完了，直接去做就行了，还讲道理，累不累啊？"习惯左脑思维的人，善于评判分析，他的内心对话是："想清楚再做啊！那么冲动干什么！""听都没有听清楚就去做？！"两种人的思维如果不在一个频道上，沟通就容易出现问题。

五、对话读人

声波因频率、响度不同而不同，我们说话时同样借助不同的声调和节奏来表达不同的情感，这构成了一个人的对话模式。当我们倾听别人说话时，除了要听对方说的内容，更重要的是要听对方的声调节奏，根据这些信息来判断对方所处的状态和要表达的情感。听别人说话的时候其实就是在听这个人。

例如，一个人对你说："我好辛苦啊！"

第一种情况：他用很低沉的声调，缓慢地说，可能他要表达的是"我很疲惫"；

第二种情况：他用较高的声调，语速很快，略带激昂的表情，可能他要表达的是"我身兼数职，承担了很多工作"或是"我很忙"；

第三种情况：他声调适中，但语速很慢，特别强调"辛苦"两个字，可能要表达的意思是"不要再给我安排其他事情了"。

对话对人的影响是巨大的，其实不仅是因为声波本身的特点，更因为对话中所包含的其他信息，如画面、情感、需求等。因此，对话读人的关键就是抓住对话中所携带着的丰富的信息，这就要我们调动各个感官来倾听，如观察对方的面部表情、肢体语言。一个人在与你讲话的时候，紧紧地将双臂抱在胸前，这个动作表明他其实处于防御状态，在交流中会更多地与你进行辩论或者表示不认同。

对话中的关键词和口头语也会传递给我们很多信息，如说话者内心的期待和思维模式。对话读人最重要的是读懂人内心的自我对话。人每一天都进行的内心的自我对话，得觉称之为"念"。对话中的关键词和口头语会反映人内心的念。念是一个自动产生的过程，它有个体差异，而这个差异得觉认为是后天形成的。初生的婴儿，所生的念应该是一样的，随着成长的环境、刺激、健康以及教育的不同，逐步形成多样化的念的形式和习惯。而得觉选择研究念的核心的工作方式，那就是提问——"自"对"我"提问。从念这个字上就可以看出来，是心对人的提问、人对心的提问。

念的工作过程中伴随着情，尤其是念的启动是以情为开端的，如果进入程序，就产生绪，念就在这个程序里循环。如果循环的内容是负性的，我们体验的就是悲伤和不快乐；如果进入的程序是正向的、积极的、阳光的，我们所体验到的就是快乐和喜悦。

六、指纹读人

人的掌纹会变，但人的指纹是不变的。

（大）拇指：左手右脑，右手左脑。

斗纹	目标引导	行动，主动，被人关注，具有引导作用、自主设定目标、主导人际关系、可以迅速回归自我	思维引导	自主思考，缓动，被动，具有指导作用，经常设定目标（心相目标），人际关系内敛（满足自我），内归因者
箕纹		他律，在意社会评价，榜样引导，人际关系求和谐，共事随和，顾大局，大目标套小目标，在叠加的目标中自主成长，目标确定后坚定地走		现象思维，能动，趋向性，建设性思维、目标经常改变（现象目标），外归因者

食指：左手右脑，右手左脑。

风大、行。

斗纹	构思创造	自主创造思维，并能引起共鸣，在团队中起着引导作用，容易自我享受，在自我确认中提升自己	逻辑思维	根据自身主观感受的评判，多以自身体验为主导，有体验后方能接受别人观点，常常陷入自我对话的漩涡
箕纹		模仿学习创新，在团队中起着配合作用，经常在别人的确认中提升创造能力		常常会被环境人群所引导，容易从众，多受他人影响，随事而行，随人而变

无名指：左手右脑，右手左脑。

水大、听。

斗纹	语言表达	语言丰富，表述能力强，能表达主观感受，富有感染力并在自我的空间中享受此状态，外来信息不易进入，具有煽动性	语音操控	主动选择与自己现状相符的声音信息，能够听到自己想听的和敏感的声音，自觉屏蔽掉不重要的声音 如听到不同声音会有强烈的情绪反应 喜好认同的音乐
箕纹		根据现场情景表达自身感受，信息接受能力强并能顺势做出反应，能认同对方感受，共情，共语		选择主流声音信息并且受到影响，在意别人口头如何评价自己 情绪受到音乐影响，可以利用音乐调节情绪

中指：左手右脑，右手左脑。

火大、体。

斗纹	体觉感受	对不同刺激敏感，会泛化或放大身体感觉	肢体操控	行动时候耐受力强，靠自身的能量补充，会回忆和对比身体感觉
箕纹		体感具有方向性，随不同角色开放不同的信息体感方向，并且从中获得能量，放大记忆		有选择性地接受某一种感觉，从而消耗或提升能量，量化，对比记忆

小指：左手右脑，右手左脑。

地大、视。

斗纹	视觉感受	喜欢新鲜的事物，容易视觉引导，视觉感受强烈，不自主地在环境的感受中消失掉自己	视觉辨识	观察和发现事物的不同之处，对环境观察能力强，可随意出入所在场景
箕纹		视觉受环境现象引导，认同大家看到的事物，观察及审视的能力随大流		视觉受逻辑思维引导

七、握手读人

握手是人们见面表示友好的常用动作，得觉咨询也是从握手开始的。握手时我们可以了解一个人的内心状态及性格，我们可以通过握手提前掌握如何与对方沟通的方法，想好沟通策略。

有的人握手力量偏大，握得密不通风，戏称"大力水手型"。这说明他坦率热情，坚强开朗。但如果力气过大，甚至让你疼痛，多半说明对方自负逞强，渴望征服，自信心过度膨胀（但也有可能是过度紧张，要进一步看其手心的湿度、温度进行判断）。

聪明的人握手时间短，但握得紧，即"蜻蜓点水型"。他们往往善于周旋，为人友善轻松、游刃有余。但这种人容易多疑，难以完全信任他人。如果握手短且力度很轻，显得敷衍了事，则表明对方性格软弱或者情绪低落，此时不适合深入交谈。

如果对方握着你的手，很长时间没有收回，即"持续作战型"，表明他对你很感兴趣，想大胆直白地与你有更深入的交流。但是，如果在谈判前，对方握着你的手不放，则可能是他在测验两个人之间的支配权，此时如果你先收回手，说明你没有对方有耐力，交涉时胜算不太大。

此外，如果在自己伸出手以后，对方犹豫片刻才慢慢伸出手来，大多提示他们性格内向，做事优柔寡断。如果你想试探一个人是否在骗你，也可以一边握着他的手一边询问，如果开始他的手掌很干燥，握手期间突然冒出汗来，说明那一刻他心中有鬼。

八、脸型读人

相由心生，人的个性、心思与作为往往会通过面部特征表现出来。有什么样的心境，就有什么样的面相。

（1）长形脸。此类人脸形、五官较大，脸形曲线柔和、沉稳、成熟，他们做事相当自信，很少考虑别人的感受，甚至到了有些自恋、自大、自私的地步，因此人际关系通常不是很好。但他们内敛、平实，相处的时间久了就会让人觉得很轻松。

（2）菱形脸。这类人常常不安于现状，他们独来独往，毅力坚强，私欲非常强烈，他们待人傲慢且缺乏责任感。

（3）方形脸。这类人特立独行，具攻击性，拥有很高的智慧及敏锐的观察力，甚至具有超乎常人的第六感。他们的脸形轮廓清晰且下颌咬肌较明显，往往给人非常干净、利落的感觉。他们常常不经意间就会流露出一点庄重、威严的气息。但由于脸形线条显得过于硬朗，因而这种脸形的女人给人无法接近的感觉。

（4）三角形脸。三角形脸的人充满智慧、记忆力强，具有很强的企图心与爆发力，而且他们的疑心往往比一般人要强得多。

（5）倒三角形脸。这种类型的人争强好胜，叛逆心强，但他们有毅力、不服输，因而做事总能善始善终，坚持到底。虽然说他们的脸形较为特别，但往往给人一种内秀、文雅的印象。

（6）蛋形脸。这种人是标准的完美主义者，他们严于律己、宽以待人，社交手腕老练，有轻微洁癖，拥有一种与生俱来的优雅气质，但他们好强性急、善妒善怒，因而常常让人又爱又恨。这种脸形是东方女人崇尚的脸形。

（7）圆形脸。这类人乐观爽朗，彬彬有礼，容易与人相处，因而人际关系非常好。他们怜悯弱者，富有同情心，但也比较容易受到异性的诱惑。这种脸形不显老，因此俗称"娃娃脸"。

（8）扁形脸。这类人给人的印象是秀气、柔美而不失端庄。由于这种脸形既扁又长，所以他们的五官特征非常明显。拥有一双漂亮的眼睛或者一张小巧的嘴等，都会给这种脸形增色不少。

（9）梯形脸。这类人城府很深，他们对自己的要求往往非常高，他们个性镇静、沉稳，但让人遗憾的是，他们往往会有抑郁症及自闭症的倾向。

（10）左右不对称的脸。这类人个性孤僻、自卑感重且会记仇，人际关系的互动往往也较差。

第三节 得觉咨询师的自我成长

得觉是喜悦的智慧、快乐地思维、幸福地行动、当下地面对。得觉是一种境界，是一种感觉，是一个技巧，也是一种能力。得觉咨询师自我修炼的过程，是一个修心的过程，也是个回归的过程。

一、得觉咨询师要善于捕捉内在的自我对话

我们每天都会进行丰富的自我对话，但大多数的人不会去觉知自己，这是自我迷失的一种表现。得觉提倡"迷，则行醒事，明，则择事而行"。先做自己眼前能看清的事，再去做自己该做的事。一个人连自己都看不清，怎么能看清别人、看清事呢？先深入自己

的内心，把自己看清楚。捕捉自我对话是自我成长的一个很重要的法门。每天，"自"会生出很多"念"，"自"会给"我"提出很多问题，一个一个的"念"形成思维链，思维链固化，就是思维模式固化，继而行为模式固化，人就僵化不灵。捕捉自我对话的意义就是找到自我对话中"念"的"头"，从根源上看清自己的内在。如果想做出改变，就从思维程序的根源去产生新的"念头"，启动新的思维程序。

二、得觉咨询师要全然地接纳自我

很多人说让自己强大起来，需要先征服自己，其实无需去征服自己。得觉咨询师要做的头等大事，就是全然接纳自己。很多人在修心过程中会有完美主义倾向，试图让自己变得更好，这种倾向容易导致对自我的不接纳。自我接纳是最根本的接纳，接纳自我的人才有可能真正接纳别人。全然接纳自己的人，自我是平衡的，他不纠结，能量不消耗，灵感和创造力开始迸发。接纳一切的时候，智慧就会跟随，快乐和喜悦就会跟随，生活才会真正流动起来。

三、得觉咨询师要提高觉知力

咨询师要提高自己的觉知力，提高对词汇的敏感性，在自己的体验里尝试着把词句分类：认知的、理性的、感性的、中性的、"我"的层面的、"自"的层面的，等等。在咨询过程中，能够通过来访者的语言敏感地觉知他的状态，选择适宜的语言和词汇与之互动：在"我"的状态中用理性的、认知的语言表达，在"自"的层面用富有情感色彩的语言与其情感嫁接。"我"与"我"互动，"自"与"自"交流，同频共振，自然灵动。

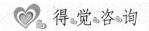

四、得觉咨询师要提升语言表达能力

咨询的大部分工作需要用语言去完成，所以，用词的准确性和到位度非常重要。咨询师要有意识地去训练和提高自己的文学修养和语言表达能力，让咨询语言精准到位、富有艺术性，能打动人心。语言的修炼还有一个层面的要求，就是要做到正言。正言是自我和谐时说出来的话。咨询师能量的增长一定是大群体的增长，群体互动中正言善行，大群体能量增长了，个人的能量相应就会提升。言为心声，先做到正言，正言就是修心。哪怕心里不快乐也要正言。这是非常好的修心的方法。

五、得觉咨询师要修炼自己的定力

咨询师定力不够的话就会特别在意自己在别人心目中的形象，导致咨询跑"道"，把咨询变成了咨询师个人的演出。咨询过程中，咨询师需要保持中立，大爱无痕，润物无声。有些时候我们爱别人不一定要让人觉得我们爱他，甚至让他恨我们也是爱他的方式。咨询师要觉知自己亲密关系的边界。很多人在做咨询的时候容易母爱、父爱泛滥，把生活中的模式带入咨询关系，那是因为生活的艺术和工作的艺术是连在一起的，生活中的点点滴滴慢慢内化为自己的一部分。咨询师与来访者的沟通模式，很多都是来自生活中与自己的家人、亲人的沟通模式，边界浸透过度了，导致角色的边界模糊。咨询师需要觉知自己什么时候在抱着一个依靠自己的人，觉知自己什么时候在依赖着人家。这是一个要求很高的自我觉知的功课。

六、得觉咨询师要处理好情绪、情感

咨询师要过"情关"，要做情绪的主人，让自己快乐起来，让自己身边的人快乐起来。得觉来自生活，应用于生活，助人达至内心的和谐和喜悦。得觉咨询师要把情的修炼功课放在自然里，放在生活里，放在工作里，放在各种人际关系的互动中。自然界是丰富的、立体的、流动的、包容的。自然界唯一不变的是改变。人是自然界的一个灵性的存在，身心的修炼，应该道法自然，觉悟生命。人的生命都是坎坎坷坷的，生命的运行轨迹就像一条波浪线，有起有伏，这是自然规律。有起伏的人生才是精彩的，只要是人，都有最糟糕的一天，也有最灿烂的一天，每个人都在这么过生活。对自然规律和生命的领悟会让人变得豁达，内心的格局打开了，思维流动起来了，情流动起来了，就不容易在小事上固执、纠结。觉察每一个当下，觉察在每一个当下的自我对话，时时觉察，处处觉察，事事觉察，把发生的一切都当成成长的机会，升级自己的大脑，让生命常新。

七、得觉咨询师要找准角色和定位

咨询师要善于把自己角色内的事做好，在不同的场合，说话、处事符合自己的身份和角色。我们每个人都生活在某个特定的环境中，我们称之为系统。在系统中，我们每个人都会影响别人也会被别人影响，都会无可避免地经历"顺应"与"坚持"的过程。得觉咨询师的修炼，就是能量提升的过程，能量可以通过自我的修炼提升，也会因为人际的互动而衰减。我们生活中最近的系统，一是自己的家庭，二是自己所在的集体，即工作的单位。所以，得觉咨询

师要把这两个系统当成自己的成长课堂，给自己进行角色定位，明确自己该演的角色是什么，这个角色对应的责任是什么，爱岗敬业，演好自己的各种角色。这样，得觉才会在自己的家庭和工作中生根。得觉最大的特点就是生活化，从生活中来，到生活中去。学习得觉，最要紧的不是记住概念，而是让自己变得快乐，让自己的家人、身边的人因得觉而快乐，让自己所在的系统顺畅，关系和谐，让得觉渗透在点点滴滴的生活细节里，渗透在每一个角落。

八、得觉咨询师要提高自我生命的层次

得觉把生命分为六个层次：关心自己、关心家人、关心集体、关心国家、关心人类、关心自然界。得觉把人生分为四个境界：不得不觉、得而不觉、有得有觉、不得而觉。生命的层次决定着精神的境界，决定着能享受幸福的程度，决定着生活的质量。人来到这个世界上，一生的目标就是寻找幸福和快乐，人的能量不同，生活的质量也不同。生命的能量最重要的组成部分来自爱，爱在每个人身边流动，付出与接受之间伴随着能量的变化。爱的流动是一个增加生命能量的过程，为他人、为社会付出爱的时候，能量处于递增的状态，付出的越多回应越多，享受到的爱也就越多。付出是一种大爱，享受大爱，会感受到喜悦与幸福。得觉咨询师要打开自己生命的格局，提升自我生命的境界，找准自己生命的航向，释放自己生命的能量，为社会、为人类谋福祉。

附录　个案研究列举

案例一　就业引发的焦虑处理

一、基本情况

张某某，女，22岁，金融专业本科生，因为九月份要找工作焦虑得睡不着、吃不下，什么都不想做。

二、咨询师观察

精神状况一般，说话中气不足，眼神不敢对视，经常往下看，不自信、纠结。

三、咨询方式

手机视频咨询。

四、咨询过程

咨询师：你需要什么样帮助?

来访者：我睡不着、吃不下，马上要找工作了，我害怕找不到！

咨询师：为此你做了什么？

来访者：什么都不想做。（非理性言语，绝对化的概念，自—我纠结，情绪化，能量内耗）

咨询师：那，你日常的生活过得怎样？（将能做的内容从绝对化的语境中分离出来，把它们做实）

来访者：懒散、困、没有精神，只能说还可以过下去。（后半句内容被自己的"我"确认下来，做实一小部分感觉——还可以过，接下来要把这部分内容具体化）

咨询师：一日三餐和生活规律怎样？（看看"我"的社会化部分能具体化的地方有哪些）

来访者：胃口不太好，吃饭不香，喜欢吃味大的尤其是很辣的才觉得有味道，生活还算是比较有规律。（具体化到吃尤其是很辣，很辣的东西在吃的时候，"我"被辣得没有了，"自"—"我"开始对话，这个时候"自"的感觉被唤醒，"自我"开始自动修复，所以吃很辣的东西可以缓解压力。这部分内容就可以了，当她自己回放感觉的时候，"自"的能量就被唤醒）

咨询师：当你最不爽的时候脑袋里面重复最多的一句话是什么？

来访者：什么都没意思？

咨询师：再想想？确定是这句吗？

来访者：什么都完了，完了！

咨询师：再想想？确定是这句吗？

来访者：什么都完了！确定是这句话，经常出现在我脑海。

这个过程很重要，前面的具体化部分是在做"我"的层面的工作，现在是要去处理"自"层面的问题。念头是"自"存在的一种状态显化，如果被"我"收到或在意，念头就转化成念想，就会启动"我"里习得而来的程序，而且是自己习惯的程序。一旦启动这套已经习惯的程序，不会被"我"觉察，因为"自"能量获得"我"的认同，有了出口，加上不舒服的感觉被"我"认同的同时，负性的能量得到释放，恰恰这种释放的结果，会强化"自"的这部分感觉，于是会自动地重复这样的模式，使得自己越来越难受，越来越不舒服。

咨询师：那么现在请你想七句五个字的话，可以是类似的意思但不直接说出来，自己心里知道在说：什么都完了。也可以没有任何意思，但自己清楚在说这件事。你明白我说的意思吗？

来访者：就是用其他七句五个字的话，来描述"什么都完了"，对吗？

咨询师：对。

来访者：未来没希望。

咨询师：继续。

来访者：要干什么呢？（说完就想了很久想不出来，说明原来的程序很固化，正在松动，这个时候脑袋空空的，不知道怎么想，也没法想）

咨询师：我帮你想了一句——怎么会这样？（以旁观者的感觉给自己提问，就是帮助她从习惯的程序思维里出来）

来访者：还能做点啥？（从这句话看虽然出来了，但仍可以看到原来程序的痕迹）

咨询师：很好，继续。

来访者：那就去做吧！尽力就好了！其他再说吧！

咨询师：很好，已经有七句话了。现在我读，你拿个纸把它记下来。（这个过程，是在自我松动的状态下，用行为启动和嫁接新的程序。这步很重要，要慢，语言念诵一定要和对方的语言不一样，并不断确认：写好了吗?）

1. 未来没希望；2. 要干什么呢；3. 怎么会这样；4. 还能做点啥；5. 那就去做吧；6. 尽力就好了；7. 其他再说吧。

来访者：写好了。

咨询师：自己再读一遍，把很有感觉的一句打个钩，一点都没有感觉的打个圈。

来访者：怎么会这样，很有感觉；尽力就好了，没有什么感觉……

咨询师：很好。

来访者：接下来做什么呢?

咨询师：我念一句"什么都不想做"，你就闭着眼睛念一句"怎么会这样"。

来访者：好的。

咨询师：什么都不想做。（重复21次）

来访者：怎么会这样。（重复21次）

咨询师：不要睁眼睛，说说现在的感觉。

来访者：感觉轻松多了。

咨询师：有什么感悟?

来访者：觉得自己很情绪化，像个小孩子。

咨询师：很好，我现在念一句"什么都不想做"，你就闭着眼睛念一句"尽力就好了"。

来访者：好的。

咨询师：什么都不想做。（重复 21 次）

来访者：尽力就好了。（重复 21）

咨询师：不要睁眼睛，说说现在的感觉。

来访者：好像有力量了。

咨询师：太好了，去做自己现在可以做的事情，让自己忙起来。

来访者：好的，有想做事的动力了。

咨询师：非常好，那就这样努力下去。

五、案例总结与思考

焦虑是对亲人或自己生命安全、前途命运等的过度担心而产生的一种烦躁情绪。其中含有着急、挂念、忧愁、紧张、恐慌、不安等成分。它与危急情况和难以预测、难以应付的事件有关。也有人并无客观原因而长期处于焦虑状态。本案例是临近毕业前期，"我"需要面对就业问题，引发"自—我"对话的分歧，产生焦虑，有明显诱因，焦虑情绪产生以后，由于"自—我"对话习惯化和自我负性暗示，形成循环，使得焦虑难以排除。通过得觉咨询中的"自—我"对话技巧，巧妙地将暗示语更换，使得"自"的感觉改变，尤其是负性的感觉改变。没有了暗示语的自动重复刺激，来访者"我"的理性回复，很快就调整好了自己的情绪，通过一个月的追踪，发现效果很好。

案例二　一般心理问题的咨询案例报告

一、基本情况

小云，女，17岁，高三年级学生，来自农村，留守儿童。她内心苦闷，睡眠很差，压力大，不想上学，希望老师帮助她解决思想上的问题，并且对她是否能参加高考进行评估。

咨询问题详述：宿舍内有四个人。刚进入高中时，小云就与宿舍的其他三位同学关系不是很好，后来一直觉得室友平时与自己故意作对。三个星期前她曾经和室友闹过一次大矛盾，从此以后她们之间的关系就更紧张了。后来班主任老师找她谈话，虽然语气比较委婉，但仍然感觉老师对她的所作所为是有意见的。因为这件事情，小云整天胡思乱想，上课注意力也不集中，内心苦闷烦躁，甚至怀疑自己活着的意义，压力非常大，不想上学。

个人发展史：小云是独生子女，出生后身体较健康。父母为农民，从小云记事起父母因经济原因去广东打工，小云跟随爷爷奶奶长大。小学期间成绩一般，后来小云高中一年级时，因父亲外遇父母离婚，现父母都已再婚。父母离婚后，她一直都很自卑，害怕被人看不起，觉得没有完整的家庭，什么都比不上别人；后来父母再婚，她就更加少言寡语了，觉得生活没有什么希望和乐趣。为此，她与同学很少来往，没有一个好朋友，有什么想法都闷在心里，从来不向任何人说，性格也越来越内向。高中几年小云一直都很努力学习，但学习成绩不算突出，在班里属于中等偏上。临近高考，考什么样的学校、学习什么样的专业，小云都有自己的想法，但现实的成绩离考某重点大学的热门专业差距很远。班主任考虑到她的成绩和家庭经济状况，劝她报考一般大学的一个冷门专业，小云为保险起见听取了老师的意见。但高考越来越临近，加上疫情的影响，自己在家中不能自律，经常追剧，打游戏，没有把精力全部放在学习上。一开学进行的测试，小云考得一塌糊涂，并觉得大家都在笑她，看不起她，冷落她。小云很后悔那么长的假期自己没有抓紧时间学习，天天自责。加上两个星期前因为和一个室友产生了一次大冲突，和其他室友的关系也更加紧张，于是请假回家再也不想去学校上课了。

二、既往病史及他人反映

过往有无精神疾病史：无。

过往有无躯体疾病治疗史：无。

精神状态观察：意识清醒，思维正常，语速较快，表达清楚，在谈及室友时情绪较不稳定，泪流满面。有自知力，言行一致，有一定的自制力，人格较稳定。

同寝室的同学和班主任老师反映其性格比较敏感、孤僻，无明显行为改变。

三、心理评估与诊断

（一）咨询师初步评估（诊断）

来访者的问题属于一般心理问题。

（二）诊断依据

根据心理诊断病与非病三原则，来访者知道自己出现了心理问题，说明其有自知力，也没有出现幻觉、妄想精神病症状，认知、情感协调统一，人格稳定，可以排除来访者患有精神病的可能性。

同症状学标准进行比较，来访者出现了焦虑、烦躁、抑郁等负性情绪；从其严重程度来看，来访者的情绪反应不太强烈，虽然不太愿意与人交往，也请假在家休息，但没有其他过激想法并付诸行动，而在家中虽然效率不高但自己可以复习，说明其心理问题并没有对其社会功能造成严重影响，逻辑思维清晰无碍，表达流畅，没有出现对所指心理问题的相应回避和泛化情况。从其病程即发病时间的角度来看，来访者和室友之间发生冲突到来寻求心理咨询师的帮助有三周的时间。总的来说，来访者出现此心理问题时间较短，情况也不太严重，因此，可以排除严重心理问题和神经症。

（三）个案分析

1. 引起个案心理问题原因分析。①生物原因：没有发现足够引起来访者心理问题的生物原因。②社会原因：来访者自幼跟随爷爷奶奶长大，没有受到父母足够的爱和关注。后来因为父母离婚，导致内心敏感自卑，没有好朋友，对人也比较缺乏信任。加上与还有点来往的室友发生口角，让她对其他人的信任感更加缺少。在人际关系方面，来访者缺乏完善的社会支持系统，和室友之间的误会也没有得到父母、老师和同学的理解和关注。③心理原因：性格内向，个性追求完美，不愿意接受在她看来不如意的事情。

2. 当前认知与行为横向剖析。和室友关系不好，所以当室友拒绝帮她打饭的时候，便产生"室友是故意针对我"的自动思维，进而产生和室友对抗的反应——吵架。因为没有得到老师和同学足够的支持和理解，进而怀疑自己是不受人欢迎的，和他们的关系更加恶化。

3. 个案的积极面。能积极主动地来咨询，说明了她内心强烈地想要面对和改变自己现实情况的愿望。

（四）咨询计划

1. 问题陈列。①小云在处理人际关系方面有不合适的地方；②内心自卑、敏感，渴望得到关注和理解；③认知偏差，有固执的一面。

2. 咨询目标。采用得觉咨询，通过 7～8 次的咨询完成以下目标：矫正其"她们是故意针对我"的自动思维；帮助小云找到处理人际关系的办法；评估小云不想上学，上课完全听不进去，没意思念头的合理性与必要性；帮助小云学会使用得觉自我理论处理相似的情绪问题。

四、咨询过程

1. 咨询关系。因小云是主动求助，一开始就建立得较好，在咨询过程中，小云对咨询师比较信任，自我暴露比较多，对咨询师提出的建议和要求也比较配合。

2. 具体的干预措施。①针对小云人际关系方面的问题，与她进行角色扮演（咨询师扮演室友、来访者扮演自己），在被室友拒绝这起冲突事件中，观察其情绪反应，让其描述具体想法。②针对小云自卑敏感的性格，着重处理她内心中"她们是故意针对我"的自动思维和"我不可爱"的核心信念。

3. 具体咨询过程。

（1）第一次：2020 年 3 月 15 日。

方法与目的：采用摄入性谈话了解来访者的基本情况，建立起良好的咨询关系，确定来访者的主要问题，发现并激发来访者的积极面，进行咨询分析。

咨询进程：通过对来访者基本情况的了解，采用得觉咨询，帮助来访者了解"我""自"以及"自—我"关系是如何引起情绪，进而影响自己行为反应的；帮助来访者区分想法和情绪，学会为负性情绪的强烈程度打分，并追踪"她们是故意针对我的"这一特定信念的产生与"自—我"对话的关系和变化。

自助计划：追踪"她们是故意针对我的"这一特定信念的"自—我"对话模式，并为其"我"概念引发"自"的感受程度打分。当分数变低时，注意当时"我"所处环境及思想、行为变化和"自"感受与身体的反应。

（2）第二次：2020 年 3 月 22 日。

方法与目的：回顾来访者的自助计划完成情况，针对其完成过程中所发现的问题进行分析和探讨，加深咨询关系，继续提高来访者的自信心。

咨询进程：在本次咨询过程中，来访者反映，通过回顾复习上次自助计划，她认识到自己的情绪是"可控的"，从而提高了自信心；随后通过"支持证据检查"技术，来访者了解到自己一直持有"她们是故意针对我的"这一自动思维的弊端，将这一自动思维意识化并改变成"我们只是意见不一致，她们并不是故意针对我的"。当持有这一信念时，来访者的负性情绪得到明显好转。因此，来访者决心通过自己的实际行动来降低自动思维对自己的影响。

自助计划：继续运用"成本效益分析"技术，对"她们是故意针对我的"等自动思维进行分析和辩论，继续体验"可控感"，提高自信心。

（3）第三次：2020年3月29日。

方法与目的：通过上次咨询时布置的自助计划，帮助来访者学会建立正性自动思维，增强来访者的主动性；区分来访者的中间信念，并对负性中间信念进行纠正。

咨询进程：本次咨询刚一开始，来访者就开心地反映上次自助计划的完成情况，并已经返校上课，自信心也更强了；然后咨询师帮助来访者区分出负性中间信念"如果我和其他人发生冲突，我一定会受到伤害"，采用"成本效益分析"技术对负性中间信念进行纠正。随后咨询师使用"空椅子"技术，在与室友之间对话的角色转换过程中，来访者可以分别为自己和室友发声辩论，从而理解了室友的想法和行为，真正做到了有同理心。

自助计划：由于来访者在本次咨询中表达了对此次冲突引发后果的担忧，咨询师便鼓励来访者和室友、辅导员进行沟通，通过室友和辅导员的反映进一步引发来访者对其负性中间信念的思考。

（4）第四次：2020年4月5日。

方法与目的：区分并纠正来访者的核心信念，通过认知重建，继续提高来访者的自信心，巩固和深化认知重建的结果。

咨询过程：来访者回顾了自己的成长过程，并着重提到小时候跟爷爷长大、父母离异都是因为她认为自己"一点都不值得被爱"。这个核心信念一直伴随来访者，因而她认为不论在任何情况下都一定要保护好自己。咨询师陪伴来访者重新回顾了幼时的经历，通过运用"馅饼"技术，着重分析父母把她留在爷爷身边和父母离异的原因，将来访者个人原因所占比重进行剥离，有效减少来访者的内疚和自责，从而重建了来访者童年的早期记忆。最后，咨询师和来访者还练习了怎样用委婉、温和的语气，而不用强势的口吻来表达

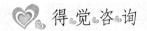

不同的意见。

自助计划：当来访者觉察到自动思维、中间信念和核心信念出现时，可以通过之前咨询过程中所运用的咨询技术，对引起负性情绪的负性想法进行纠正，改善负性情绪。此外，还建议她借鉴学习一些交际礼仪来改变自己与别人交往的方式。

（5）第五次：2020年4月12日。

方法与目的：讨论来访者的家庭关系，深入探索她对父母跟其关系的认知。

咨询过程：咨询师发现来访者的童年经历是造成她现在性格的主要原因，对原生家庭中父母爱和理解的渴望，让她变得自卑敏感。通过对来访者早期记忆的认知重建工作，让来访者重新评估父母对其的真实感情、父母的人生难题以及来访者对"我是否可爱"的认知。

自助计划：当来访者觉察到自动思维、中间信念和核心信念出现时，可以通过之前咨询过程中所运用的咨询技术，对引起负性情绪的负性想法进行纠正，改善负性情绪。

（6）第六次：2020年4月19日。

方法与目的：讨论来访者的自我表达，通过提高来访者与父母沟通的能力，帮其学会建立亲密关系以及提升情绪表达的能力和技巧。

咨询过程：在来访者厘清"我没有获得父母足够的陪伴和关注"与"父母不爱我"的概念混淆后，通过空椅子技术分别帮助其与父母对话，真实探索和链接她与父母最本质的爱，以及探讨爱的表达方式。

自助计划：当来访者与父母进行电话沟通时，适当用语言表达自己对父母的感情和理解。同时，在个人情感需要时，学会向父母进行情绪请示。

（7）第七次：2020年4月26日。

方法与目的：讨论来访者的自我认知，在巩固和深化认知结果后，讨论其对个人的看法，进一步提高来访者的自信心。

咨询过程：与来访者探讨"我是谁""我要成为什么样的人"以及"大学学什么"的概念，通过其自我探索与自我认知的重构，改变其遇到困难退缩、请"外归因"的既往模式，自动消除"我要退学"的想法。

自助计划：当来访者进行个人生涯规划和自我价值确认时，及时觉察"外归因"的心理模式，同时重构认知，回答"我需要做什么努力"的问题。

（8）第八次：2020年5月3日。

方法与目的：与来访者梳理咨询过程中的个人成长，在巩固和深化认知结果后，结束咨询。

咨询过程：咨询师和来访者一起回顾了咨询过程，并且分析了影响其个性形成的原因，使来访者进一步认识到自己个性上的弱点和优势。来访者认识到，自己的自动思维虽然还有不合理之处，但是可以有意识地控制自己自动思维对情绪的影响力。通过帮助来访者学会运用矫正过的自动思维，从而进一步让其积极认识自身的优点。咨询结束后，来访者可以不断地运用咨询中学习到的技术纠正负性思维，持续拥有"可控感"，自信心也会越来越强，最终来访者会成为自己的"心理咨询师"。

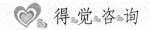

五、效果评估

（一）来访者自我评估

咨询结束后一个月，小云再次找到咨询师，反映"她们是故意针对我的"这个自动思维和"我不可爱"这个核心信念转变很多，开始认同自己，接纳自己，也比较自信了。同时，她也通过学习人际交往方面的书籍，慢慢去练习交往技巧，试着站在对方的角度来处理问题，和室友的关系大大缓和，也认为自己完全没有必要退学，并重新建立了人生目标。

（二）咨询师评估

咨询师明显感觉到来访者的情绪比较稳定，心情比较愉快，自信心增强。在和小云对话的过程中，咨询师发现她思路比以前更清晰，表达也更流畅，负性情绪得到显著改善。

（三）他人评估

小云的班主任及其身边的同学，尤其是室友反映小云的性格比以前开朗了很多，大家都愿意和她交往了。

六、对个案的总结与思考

已有多项研究表明，作为一种被广泛应用的心理疗法——得觉咨询可以有效地缓解来访者的焦虑、抑郁等负性情绪，对一些由心理原因引起的躯体化病症也有显著改善。考虑到来访者的实际情况是大学生成长中的发展性问题，因而选用认知疗法是恰当的。

在本个案中，虽然来访者表现出焦虑、烦躁、抑郁等负性情绪，但因咨询师对其做主观评估之后，认为来访者的问题属于一般性心理问题，因而没有对其做相应的心理测验。相信如果引入合适的心理测验后会更加直观地反映出来访者的问题，咨询过程也会更有针对性。

案例三　小孩玩梭梭板压成一堆　大人各争小孩扭成一团

一、案例介绍："因小孩儿玩梭梭板引发的纠纷"

2020年5月31日晚上7∶30分，国际花园13栋2单元门前的儿童乐园热闹非凡，天真活泼的孩子们争先恐后地爬上高台去玩梭梭板。三岁的佳佳刚滑下去还没来得及离开，后面的军军、状状接二连三滑下来。三个小朋友压成一堆，先下去的佳佳被压在底层，号啕大哭。佳佳的妈妈杨女士见状，急忙跑过去将面上的状状一把拉开，因杨女士爱子心切，用力过猛，状状没有站稳便摔倒在地。状状的婆婆邓某看到后，便上前拉起状状，愤怒地指着杨女士说："小人不懂事，大人也不懂事，只有你的儿是娘生的，你这个蠢货。"杨女士也不示弱，大声说道："明明是你家状状压着我的佳佳，你管教不好还骂我，真是个老泼妇。"双方你一言我一语，抓扯成一团，情况混乱。

二、院落调解："王书记语重心长一席话，巧妙将矛盾化解"

此时国际花园党支部书记王再斌正准备去参加夜间巡逻，见此情况急忙上前劝导，在现场张婆婆、陈大爷等人的共同劝导下，将二人分开。王书记说："这是公共活动场所，首先我们大人要照看好自己的孩子，教会孩子懂得基本的安全常识，等下面的孩子离开后，再放自己的小孩下去。我们同住一个院落，天天在一起玩，大人应该相互谅解和包容，给小孩做出榜样，你们都是有知识、有素养的人，在这大庭广众之下，当着小孩的面打打闹闹，如何以身作则，又怎样去教育孩子们团结友爱、和睦相处呢？我们要做的是教育孩子从中吸取教训，使孩子从小树立团结友爱、关爱他人的良好美德。"王书记的一席话使矛盾得到了化解，双方均认识到了自己的过激言行，握手言和后心平气和地坐在一起看小孩子们玩耍。

三、调解员体会："抓住问题切入点"

此类案例是我们日常生活中经常发生的事情，只要我们以理以情，循序善诱，抓住问题的切入点，指出监护不力、儿童安全意识缺乏、如何以身作则等关键点，使当事人从心理上产生共振，自知所作所为不恰当，从而达到平息怒气，化解纠纷的目的。

得觉心理专家点评：

本案例中，调解工作是在一个很重要的基础上开展的，那就是看到纠纷，及时上前制止，分开两人，改变两人的体感，打破原有的情绪状态和行为惯性。

在调解过程中，抓住了强化角色的重点。王书记用"公共场所""大人""同住一个院落"的语言强化了当事人"社区居民""家长"和"邻居"的角色，及时把邻里纠纷和情感伤害处理在萌芽阶段。

每个人在社会生活中都会有自己的角色，也都要面对如何恰当地定位自我角色的问题。不同的场合，我们扮演的角色不同；同一场合面对不同的人，我们的角色也不相同。在不同的角色里，我们的责任不同，所说的话、所做的事情也需要有所区别。

　　两位家长在面对孩子受委屈的事情发生时，家长的角色被唤醒，自然做出了保护孩子的行为，来承担保护孩子的责任。在这样的主要角色下，她们忽略了其他角色。王书记的话语是一个提醒，很好地将两位家长的角色定位界定出来，让两人看清当时自己的责任——家长的监护责任，也认识到其他角色责任若不承担，也会影响到主要角色的恰当承担，社区居民有遵守社区秩序的责任，而邻居也有团结友善的责任。特别是面对孩子，家长的示范教育作用时时在进行，如果家长不能恰当地处理和协调这些角色的关系，也无法达到更好地监护和教育孩子的目的。调解人王书记从做好家长角色出发，回归到两人最关心的更好地做好家长这个点，既解决了当下的矛盾，又对社区居民起到了很好的教育作用；在优化社区人文环境、营造和谐社区方面，给所有在场的人上了生动的一课。

　　格桑泽仁总结：你的角色确定了需要与角色匹配的心态，自我对话可以调整好心态。

案例四　用得觉相牌咨询的个案实录
——多种相牌使用方法的整合运用

一、基本情况

　　本案例中运用得觉相牌作为媒介，对一个有辍学倾向的初中学生进行干预，咨询次数为两次，每次一个小时。得觉相牌咨询，在实践中有多种使用方法。本案例中，主要使用了两种方法："过去—现在—未来"三对牌投射法，"一事一问"一对牌投射法。同时，辅以得觉疗法的具体化、视觉化等技术，方法灵活，效果明显。

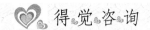

二、咨询过程

（一）第一次咨询：梳理现实，显化梦想

李小江（化名），男，14 岁。某重点中学应届初三学生。据了解，他上初二时曾偷窃老师四个手机，离家出走两次。初三开学前，家长把他转学到一所市郊中学，学校实行封闭式管理。开学后，李小江在新的学校待了不到一个星期就跑回家，不上学了。说是在家里调整一下，调整好了再回去。

第一次咨询，李小江是在爸爸妈妈的陪伴下来的。咨询师询问来找心理老师是谁的提议？李小江说是爸爸妈妈非要带他来的，他完全处于被动。咨询师又问小李的爸爸：你来的目的是什么？爸爸说来找老师的目的是让孩子学会对自己负责，知道学习是为了自己。李小江的回答是不知道为什么来，也没有什么目的。爸爸妈妈让来，他就来了。说话时候，人陷在沙发里，目光游离，一副没精打采、无所事事的样子。

咨询师：你在家里待多久了？平常做些什么呢？

李小江：三、四天了，每天就是画画、玩游戏，周末爸爸妈妈不上班，带我去海边玩了。

咨询师：这样的日子你还打算过多久呢？

李小江：不知道。

咨询师：一直在家里待着吗？

李小江：不行，不想。

咨询师：作为初中学生的身份，你只有一年的时间了。今天是 9 月 10 日，中考是每年的 6 月 7 日到 6 月 9 日，一共三天。我们来算一下，以初中生的身份在家里待着，最多你会待多久？

李小江：（掰着手指数）不到九个月。

咨询师：就是说，如果你一直这样由着自己，不想上学就不去，在初中阶段，你最多还会在家里待九个月。

李小江：（很肯定地说）不会！我不会在家里待那么长时间。

咨询师：哦！那你还想在家里待多久？

李小江：两个星期。

咨询师：爸爸的想法呢？

李父：两三天。他这个年龄，就应该天天待在学校里，像正常孩子那样学习。

……

咨询师取出得觉相牌，跟一家三人做了大致介绍。"想一个自己最关心的问题，要具体明确，看看相牌会给我们什么提醒。"

咨询师的话语一落，李小江的眼睛顿时亮了。"真的吗？"他问。"试试看嘛！先想一个问题。"咨询师说。

他想了半天，说："我想不出问题。"

"如果想不出问题，那就先不想。我们抽三对牌，看看自己的状态。好不好？"咨询师征求李小江的意见，他爽快地答应了。在咨询师的指导下，先把牌倒洗了几次，然后，抽出三对，摆在他们面前。

"你的属相是什么？"咨询师问。

"属虎。"李小江说。

"好的，从左边第一对牌开始，按照12生肖的顺序，把与你属相对应的牌找出来，翻开。"咨询师用属相开牌法，让李小江打开了第一对牌。

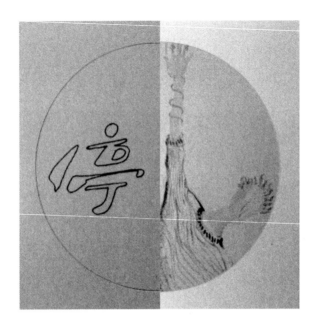

"什么感觉？"咨询师问。

"这是个怪物，不是人！他没有脸。"在咨询师的引导下，李小江开始对牌做出详细的描述，"这个怪物从悬崖上掉下来。掉到一半了。咦？这是怎么回事？"他指着"怪物"手上缠绕的东西自言自语："这是一条蛇，怪物掉到半空，被蛇缠住了。"

"蛇救了他吗？"咨询师循着李小江的思路问。

"不是。蛇只是暂时缠住了他，他还会掉下去。不是被蛇咬死，就是摔死，都是死。"李小江说。

"你的感觉？"

"恐惧、绝望。"李小江说。

"假如这对牌代表了你过去一段时间的状态。你描述的感觉在你的生活里有没有发生过？"咨询师问。

"有。"

"是什么让你有了这种感觉呢？"咨询师继续问。

"不知道。"

"抽牌找找答案好不好?"

李小江表示同意,随手抽了一对牌。

"真准!"看到牌,他脱口而出,"上初中以后,我就有这种感觉——恐惧。学校是我很不愿意去的地方。想起来就头痛。"(他所在的学校,是本市的重点中学,教师要求严格,学生作业多)

"假如还有别的原因让你有这种感觉,在所有的原因中,学校的原因占多大比例?"咨询师进一步询问。

"80%。"李小江回答。

"哦。那个字,你想到了什么?"咨询师问。

"停止了。现在爸爸给我转学了。"

"哦,你的意思是,无论过去发生了什么,都已经过去了。你有了一个新的开始,对吗?"

"对!"

"你生活的新的一页翻开了，祝贺你。"咨询师看着李小江的眼睛，微笑着向他伸出手去，他的目光不再躲闪，握住咨询师的手，笑了笑。

咨询师让他重新选了一个属相，翻开第二对牌。

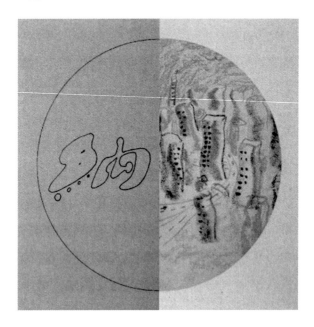

李小江指着图描述说："这个楼东倒西歪的，快塌了。里面有个怪物，是世界末日了。"

咨询师对李小江描述的画面很感兴趣，问他："还看到了什么?"

"这不是楼。"李小江否定了自己先前的看法，"这是个怪物的世界，这里，有个女鬼，这是她的头，这是她的身体。还有这里，是个神仙。但是他们都很无能，世界到了末日，他们没有力量拯救自己。"

"这个世界不是怪物创造的，现在它要毁灭了，怪物们自己也无能为力，是吗?"咨询师问。

"是的。就像我，对现在的世界无能为力。爸爸给我转学，我就转了。他让我来找你，我也跟着他来了。没有办法，我只有接纳。"李小江无奈地说。

"哦! 那个字，是这个意思啊!"

"对。我只有接纳现在的一切。"

"你是真的接纳了吗?"咨询师问。

李小江用力点了点头。

"过去的事情都过去了，现在的无奈你也接纳了，再看看未来吧。"咨询师邀请他打开最后一对牌。

"哇! 这牌太神奇了! 它怎么知道我爱画画的!"李小江叫起来。

咨询师笑了:"你喜欢画画? 是自己画，还是有老师教?"

"没有老师教，我自己喜欢，画着玩。"

"好像你对画画的兴趣很高哦！"

"老师怎么知道？"

"那个进字告诉我的。"

李小江笑着说："这个牌太神奇了，它知道我心里的秘密。我喜欢画画，很喜欢。"

接着他的话题，咨询师跟他和他的父母探讨了中考的方向，可以用初三一年时间，找个专业美术老师，系统地学习绘画，走特长生这条路。而且，每周学一次美术，做自己喜欢做的事情，可以给枯燥的学习生活带来一些乐趣。

在这样的交流中，李小江的爸爸妈妈态度逐渐松动，他们认识到：考上普通高中并不是孩子唯一的出路，除了考普通高中外，还可以选择上民办高中，学习美术，将来考美术院校；还可以选择上职业高中，选择孩子喜欢的专业。只要孩子对自己的未来有规划，有追求，愿意为自己负责，能够自己去面对，去投入社会生活就好。

"你可以想象一下未来你想要达成什么目标，然后抽牌看看。"咨询师进一步引导他规划自己。

"我想知道 100 年之后我在哪里？"说完，李小江自己也笑了，"100 年以后，我都死了，算了，不看了。我还是看看一年之后的我吧。"

李小江一边说着，一边伸手把牌抽出来。

"看到牌好高兴！花开了，从窗口还可以看到窗外的世界，很好。"李小江一扫刚来见咨询师时的萎靡不振，眼睛里有了光彩和活力。

"一年之后，你会开始新的生活，像花一样美丽且有希望地生活。太好了！"咨询师再次跟他握手确认。

第一次咨询到此结束。

分析：

李小江第一次来见心理咨询老师，完全是被动的。他对学习生活丧失兴趣，对于自己的未来一片迷茫。他用"不知道""无所谓"来应付一切问题，没有目标、没有信心、没有活力、没有朝气，缺乏动力和最基本的责任心，精神像被抽空了一样。从"神奇的相牌"一出现，李小江的好奇心被调动起来，精神也像被聚集起来。所谓"新奇趣"本身就是催眠。当他对相牌产生兴趣的时候，他的心就打开了。所以，使用相牌，开局的介绍是很重要的。有些时候，我会让玩牌的人先去洗手、在桌子上铺上黑色天鹅绒的桌布——这不是故弄玄虚，而是放下评判的好办法。

一般情况下，抽牌前要想好问题，而且，问题要具体。在这个个案中，当事人李小江很特殊，他对一切都很茫然，精神漂浮，空虚，想不出具体问题。怎么办呢？针对这种情况，我让他抽三对牌，看看过去、现在、未来的状态。在读牌的过程中，了解他的思维模式，寻找他的动力点。

在三对牌的用法中，很灵活地穿插了一对牌的玩法。第一次，是在代表过去的牌翻开之后，抽牌看看他的恐惧感产生的原因？明确具体问题，抽牌。这对牌的出现，显化了让他产生恐惧感的现实原因。李小江一直漂浮的精神从空中落下地来，他的现实感回归了。第二次，是看看一年后的自己——给他种下一个积极的愿望。

过去的事情停止了，现在的无奈接纳了，那未来呢？我陪着他从代表未来的牌中，找到了他内心向前走的强大的动力源——对画画的热爱。而这对牌的出现，也转变了李小江和他父母的看法，让他们放下自己的执着心，从孩子的现实出发，树立了新的目标，燃起了新的希望。

（二）第二次咨询：确认目标，开启行动

一周后，李小江在父母的陪同下第二次来找咨询老师。第一次咨询后，他在家里呆了两天后，回学校呆了三天。这一天是周日，第二天是重新返校的日子。

咨询师："这次是你自己想来还是爸爸妈妈要求你来？你自己想来的比重有几分？"

李小江："爸爸妈妈要求我来，我自己也想来，各占50分。"

咨询师："好啊，这次不是完全被绑架来的哦！"咨询师开着玩笑说，对他的主动来访表示确认，"那你来的目的是什么？"

李小江："上次爸爸妈妈没抽牌，这次想看看他们能抽到什么。"

"哦，原来是这样。那好吧，爸爸想一个问题。"咨询师没有跟他纠结咨询目标的事情，顺势给李小江的父亲提出要求，寻找机会。李小江爸爸想的问题是："希望小江能够去上学，开开心心地过好每一天。"

"我希望李小江的青春像这花一样，青春应该就像这花一样美丽。可是，他现在的样子，让我嫉恨。"李父指着牌说。

咨询师："你是说，你对他的现状不满意？他做到什么程度你就满意了呢？"

李父："对自己有约束力，开开心心去上学，成绩比现在稍微好一点。"

咨询师："小江，你的成绩目前是什么情况？各科得分率大概是多少？"

李小江："50％多。"

咨询师："成绩达到什么程度你就满意了?"

李父："及格。"

李小江："70％。"（他对父亲给出的标准线不满意，好像信心很足的样子，说出这个数字）

咨询师："为什么要确定这个标准呢?"

李小江："民办高中录取线，要达到 60 分。"

咨询师当即给在某中学当教导主任的朋友打了一个电话，咨询本市今年民办高中的录取线，得到的信息是，各科平均分达到及格，这是最低线。

咨询师转向李小江："我们取一个低标准，总得分率达到 60％，爸爸就满意了，你自己也会觉得比现在好，而且，这个分数也是实现中考目标需要达到的。抽牌看看达成这个目标，你现在的状态，准备好了没有?"

李小江抽到的牌是：

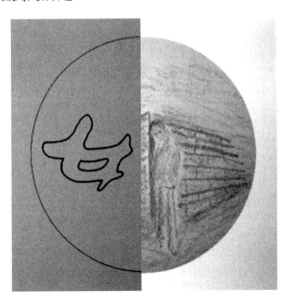

李小江："这个人在干什么？倚着墙在想什么事情？"（他自问自答）

咨询师从牌里读到一个信息，倚着墙的人，只有思考没有行动，迷茫不前。咨询师邀请他们一家三口做一个体验活动，让李小江把咨询室墙上挂着的一幅画假定为自己的目标，拉开一段距离面向目标站好，爸爸代表帮他实现目标的助力，妈妈代表阻力，并跟他们详细探讨了他目前的助力有哪些、阻力有哪些。在实现目标的路上，两种力量同时存在，或者还有第三种力量。到底要不要追逐自己的目标？为此要付出什么呢？

咨询师一声令下，三个人同时用力，爸爸拉着儿子的双臂往前拖，妈妈抱着儿子的腰往后拽。我发现，李小江并不是被动地等待爸爸妈妈摆布，从一开始，他就很有力地迈开左脚，身体向前方用力，加上爸爸的力量，形成一股坚定的合力，向前、向前。即使后来咨询师加入妈妈的行列，增加阻力，也没能抵挡住他们二人的力量。咨询师从中读到了这个表面上看似玩世不恭的孩子内在的动力很强大，但是，潜藏得很深，需要被唤醒。

体验结束，咨询师及时确认了李小江在达成目标活动中积极主动的表现，问他："你觉得是什么力量让你接近了目标？"他说："爸爸的力量，还有我自己的力量。"咨询师又问："谁的力量最关键呢？"他定了定神，说："我的。"

回到座位上，咨询师让李小江再回过头来看刚才抽到的牌："倚在墙角的人，如果总是这样的一种状态，能接近他的目标吗？刚才的体验活动，你是怎么接近你的目标的？用你的嘴巴、大脑，还是你的脚？"我引导他的思考。他懂得了，行动才能接近梦想。"那我们来看一下，中考前九个月的时间，你需要做些什么？"

咨询师让李小江在一张纸上画一条线段，写上今天的日期：

2012 年 9 月 16 日，在线段的另一端写上中考的时间：2013 年 6 月 6 日。我让他算了算，总共还有 260 天。在这 260 天中，在家里合理待着的时间是 94 天，166 天在学校。

"你那么不喜欢学校，这 166 天，需要在学校过，怎么办呢？" "我们先来看一下，有没有可能延长在家里待的时间，缩短去学校的时间？比如：耍赖不上学。"咨询师问。李小江说："不可能了，学校不让，如果继续耍赖下去，毕不了业了。""那你打算怎么熬过去这 166 天呢？"李小江说："忍。"

"难为你了。"咨询师说，"在学校里，忍着过日子，很不容易。那么，你可不可以利用学校生活，做一些能够帮助自己达成目标的事情呢？"咨询师让李小江在纸上写下来，他一条一条地写：

1. 利用老师讲课，在课堂上学会 60％~70％的知识。

2. 利用学校的测验，检验自己的自学能力。

3. 锻炼身体，快跑。

4. 磨炼自己的忍耐力。

"在家里的 94 天，可以做什么事情？"咨询师提出一个新的问题，让李小江写在纸上：

1. 休息。

2. 玩。

3. 画画。

写到画画的时候，李小江的眼睛亮了，随手在纸上画了一个线条简单的头像。线条简单、流畅，人物栩栩如生。咨询师很吃惊，夸赞他，他很高兴，信手又画了一个头像，比上次的还好！咨询师说："要想成功，一定要做自己天分里的事情。你画画这么有天分，有没有找专业的老师指导？"爸爸妈妈看到他画的画，也很惊讶，很兴奋。他们逐渐达成了共识，儿子未来要走的路，越来越清晰了。看来，第一次咨询，李小江抽出来的关于未来的牌——画画，并没有引起他父母的重视。而这次，当他们看到儿子亲手画出来的人物头像，才真正意识到原来他们的儿子确实具备这种能力。最后，他们决定，儿子在家的 94 天，除了休息、玩，他们要做的，是找一个专业美术教师辅导儿子学画，让他走上专业发展的路。

咨询师让李小江给自己在学校里呆的这 166 天的时间确定一个主题。他说："忍"。"能不能换一个意思接近的词？"他想了想，说："上"。咨询师帮他想了一个字"拼"，他觉得还是忍好。咨询师说："忍字里，其实包含了拼的意思。"他表示同意。咨询师告诉他："以后在学校里，觉得烦的时候，默念忍字，当你一想到这个字，拼字也会同时跳出来，给你力量。如果还觉得烦，你可以涂鸦，画出你的心情，画纸不要丢掉，存起来，等毕业后，把这些画整理出来，很好玩的。主题就叫：李小江的初三生活。"他们一家都笑了。

"再抽一对牌，看看 166 天的学校生活，你怎么面对？"

"哦，这样啊。快看！"咨询师把这对牌跟刚才的牌摆在一起，"这个牌告诉我，你已经决定不在原地迷茫不前了。"

李小江又低头仔细审视了自己抽的两对牌，大悟的样子。"虽然回到学校，还会像坐监牢一样，但是，我已经有力量去忍耐，也有办法打发学校生活，像画上的人一样，弯下腰耕耘，行动起来。"

"太好了！"咨询师跟李小江握手确认。

分析：

第二次咨询，咨询师先让李小江的爸爸抽了一对牌，了解了他对儿子的期待，然后把爸爸对儿子的期待、李小江对自己的期待和现实对李小江的要求统一起来。

人在生活中的迷茫和冲突，很多时候是由缺乏目标或目标不一致导致的，李家父子就是一个典型。目标确定下来之后，行动就不会盲目了。

目标清晰了，下一步，咨询师借助相牌让李小江看看自己目前的状态准备好了没有？他抽到的是能量级别比较低的半月牌，显示了他迟疑不前、缺乏行动力的现实。是什么捆绑了他呢？在他们一家三口体验活动的过程中，咨询师看到了李小江个人内在的强大动力——在成长过程中，原本他自己能做的事情，被包办代替了太多，甚至小学四年级的时候，吃饭都要妈妈喂到嘴里。这种包办代替，同时也剥夺了他的自主意识和责任意识，让他得不到应有的成长。体验活动中，虽然代表成长助力的爸爸有力地拉着他接近目标，但是，他自己迈出了很坚决的一步。而这一步，他的父母都感受到了，他自己也体会到了。倘若自己原地不动，像个木偶一样被父母摆布，实在是太没意思了。正因为有了自己这关键的一步，他才会有成就感。

重新回到学校后，怎样面对呢？最后一对相牌，是能量级别比较高的半日牌，显示了他心理能量的回升。在他看来，像监狱一般的学校生活，他准备好了去忍耐，去利用，去做能接近梦想的事情。毕竟，他已经迈开了前行的脚步。按照半日牌的引导原则：坚定信念，尽己力，则成。我给李小江的父母一个建议：不断强化小江的信念，每天发现他一点值得鼓励的具体做法，一有进步就认可他，多看他积极的方面，多积累积极的能量，只要他在行动，在尽力，就是好的。

案例五　相牌临床咨询与治疗案例

一、基本情况

刘某某，男，60岁，退休会计，牙龈发炎伴牙痛、牙龈流黄水一月余。

二、咨询师观察

精神状况一般，说话中气不足，伴恐惧、焦虑。

三、咨询方式

门诊咨询与治疗。

四、咨询过程

咨询师：有什么症状需要我帮助你解决吗？

来访者：牙痛一个多月了，总是流黄水，全市各大医院的牙科都去看过了，各种药物和治疗都尝试过了，可总不见好。

来访者太太：他上个月刚退休，我们是从九江来的，就是为了帮闺女看孩子，还没帮上几天忙，就出状况，反倒成了来添乱的了。

咨询师：那，大叔原来没退休时也发生过这种情况吗？（追问病史，已确定治疗）

来访者太太：原来经常有牙痛，但从来没这么严重过，更没有流过黄水。老伴儿原来是财政局的会计，做事认真惯了，来看孩子也不例外，小孩在沙发上走走也没啥事，结果他非要跟在孩子身边，像贴身保镖一样，用两只胳膊左右护着，寸步不离，像老母鸡护小鸡，生怕孩子摔着，搞得全家都紧张。

咨询师：大叔，您看孩子这么小心吗？（超出一般看孩子的老人的关注度，说明来访者"自"里有不安全感）

来访者：是的，我就怕孩子摔伤。（进一步落实"自"里这种不安全感的来源）

咨询师：为啥？

来访者：……外孙嘛，还是小心为好。（来访者一怔，迟疑着搪塞道，突现一副惊惧不安的神情）

这一停顿，自我对话中一定呈现出许多画面。显然，来访者心里藏着一段不愿回首的往事。咨询师更加确信，老人的牙疾与他心里的这段陈年往事有直接的关联。探症寻源，如果病根找不到，就难以给出最佳的治疗方案。"避其病状，反攻其心。"咨询师决定，从身心交互作用的原理考虑，借用得觉相牌来打开患者内心紧闭的窗户，先找到牙疾背后的真正根源。

流水净手三次后，咨询师从红绸羊皮囊中取出相牌，并跟来访者讲了相牌的一些基本知识以及使用方法，然后让来访者洗牌，洗好牌后从中抽出一对：

来访者：这是尴尬的"尴"，这是一所学校吗？（他指着图，仔细端详了一大会儿，显然已经被牌吸引住，自我对话开始启动）

咨询师：你感觉到什么？

来访者：感觉到"九"上面那个"监"字好像很重，是监牢吧。（监牢代表了"自"里面长久存在的一种被压抑的能量）

咨询师：大叔，您在生活中有这种感觉吗？

来访者：没有啊？哪有！呵呵……退休了，舒服着呢。（来访者的回答有些慌乱）

咨询师的自我对话：患者阻抗的部分往往就是问题的症结所在。于是决定放慢节奏，继续寻找机会。

咨询师：大叔，您对这张图画有什么感觉呢？

来访者：就是一所学校啊！

咨询师：您第一眼看到的是学校的哪一部分？

来访者：我感到右侧这一排红色的教学楼和黑窗户不舒服。（他把图画举起来，仔细端详了一会儿）

咨询师：什么地方不舒服了？

来访者：心口发闷！

咨询师：哦，你想到什么？（来访者敞开封闭的心灵窗户时，咨询师更需要耐心和细心）

长时间的沉默后……

来访者：我六岁的时候，弟弟三岁。那年冬天，我们在托儿所午休，我在下床，弟弟在上床，我听到弟弟和另一个小朋友在打闹，后来，打闹声突然中断了，只听"噗通"一声，我回头一看，弟弟已经从上床掉了下来，一头栽在床边的取暖炉上，一股深红色的鲜血正冒出来，水壶也打翻了……弟弟就这样走了，是我没照看好他！（老人讲完，长出了一口气，用颤抖的手背擦着眼泪）

此时，任何的语言和安慰，都很难进入到患者的"自"中，患者"自"里压抑的情绪能量需要一个释放的过程，咨询师在一旁静静陪伴。过了很久，患者状态平稳，神色回复了，咨询师结合之前问诊把脉的情况，给患者开了药。三天后，来访者的女儿来到诊室，告诉咨询师说父亲的病好了，"牙龈也不痛了，也不流黄水了。人比以前轻松，精神头儿也好多了。"

五、案例总结与思考

正常人的牙齿雪白润泽且坚固，是肾气旺盛、精髓充足的表现，中医理论还认为，"恐伤肾"，所以，咨询师推测，牙齿出现问题，可能反映了肾方面的问题，或经受过恐惧事件引起的精神刺激。老人的牙疾在遇到咨询师之前多方医治不得好转，根源或许正是在此。根据以上推测，咨询师选择了用一对相牌，一事一问的方法来探寻问题解决的契机。由此咨询师推测，患者目前的牙疾，正是幼时弟弟遭遇不幸而产生的极度恐惧所致。患者从六岁开始积压的对弟弟意外逝去的内疚和恐惧深深印刻在心里，日久伤肾。所以，现在照顾小外孙时会倍加小心。相似的生活情境（陪伴照顾小孩）勾起了刻在老人"自"里的体验和感受，情绪能量被唤醒，诱发了身体的疾病。最终通过相牌咨询，咨询师在与患者互动的过程中发现了患者的"自我互动"模式，并给以疏导，最终对症下药并解决了问题。

案例六 得觉跨国咨询个案

一、案例说明

接到一个师妹的电话，说她的表弟遇到了选择的困扰，想寻求我的帮助。由于他身在国外，没有办法面对面咨询，我就想到了微信语音，便让师妹建立了一个微信群，拉我和她表弟入群。我运用群聊天功能，进行咨询引导，用时四十分钟。

二、来访者基本情况

Z某某，男，26岁，在巴基斯坦一个安全行业从事保卫工作，属于"一带一路"建设的一个组成部分。他有一个亲姐姐，在国内父母身边。

三、来访者主诉

我现在不知道如何做选择；一方面家里想要自己回国和家人一起发展事业；另一方面自己在国外的事业刚刚起步，而且眼下就有一个特别好的机会。我很纠结，如果从我个人的角度考虑，我会继续留在国外；如果选择留在国外，便不能继承父亲的事业，违背父母的意愿，我又觉得是对父母不孝。

而且我觉得虽然眼下回不了国内，但如果我在外工作锻炼几年，就能成为这个行业未来比较少有的人才，那时的我回国也会有更好的机会。我觉得现在回去不是最好的时机，因为疫情回到国内不一定有很好的机会，而且在国外收入也高，还有足够的时间去做自己想做的事。

四、咨询过程

咨询师：你好！很高兴我们能有这样一个缘分认识，说一下你的情况吧！

来访者：您好！认识您我也很高兴，我表姐推荐了您，我很信任您。我现在不知道如何做选择，一方面家里想要自己回国和家人一起发展事业，另一方面自己在国外的事业刚刚起步，而且眼下就有一个特别好的机会。我非常困惑，不知道该怎么选。

咨询师：嗯，我非常理解你此刻的心情，自我纠结，左右为难，不知道如何做出选择。

来访者：是的。

咨询师：听了你前面的表述，我们来用"自我理论"进行一个梳理吧。听说你之前已经对格桑泽仁老师和得觉的自我理论有所了解，我再简单地做一介绍，并用"自我理论"来分析和解决你的困扰。

得觉自我理论认为"自"是人出生的时候就有的，与生俱来的能量装置，是自己和自己的交流——对内交流，人所有的体验都在"自"里，感觉和情都在里"自"里，"自"以"念"的形式与"我"对话。我们可以借助一些关于自的词来了解"自"是什么，如自信、自尊、自嗨、自豪、自觉、私自、自强、自立、自由、自然、自己等。"自"是和人的感受、体验、情有关的，如当我们面临选择无法抉择时，会体验到纠结，这种纠结是和我们的感受、体验相联系的，所以我们会感到烦心、犹豫、为难。

"我"是人出生以后组装的一套程序，是人对外进行沟通和交流的工具，"我"里有标签、面具、角色、习惯和价值观、能力和责任。标签有价，面具有值，角色有观，相应的还有习惯、能力，等等。

得觉认为人的自我有六个层阶：小小我——只关注自己，小我——关注家庭，自我——关注集体、家族，我们——关注国家，大我——关注人类，真我——关注宇宙、自然界。

来访者：嗯，我了解这些概念和理论，但不会用它们来解决自己的困扰。

咨询师：我们来看"我"的部分，家里让你现在回来从一个最底层的小员工做起，你觉得你的标签是提价了还是掉价了？

来访者：我觉得是掉价了，有些不甘心。

咨询师：你的面具是增值了还是贬值了？

来访者：我觉得是贬值了，我觉得好丢面子。

咨询师：你的角色从一个高管变为一个小员工，你的感觉是什么？

来访者：我觉得心理落差太大，一下就失衡了。一方面自己刚毕业，不忍心放下自己读书期间和在海外工作一年积累下的资源和事业积累，因为自己所从事的安全行业门槛很高，而且正得到一个做高管的机会；另一方面，我不想让家里人不开心，也想去顾及他们的感受。我觉得自己眼下的两个发展方向是完全相反的，无法兼顾。

咨询师：你的习惯性思维模式让你有一个非此即彼二分法的纠结。无论你选择哪一个你都不满意，都会责怪自己。

来访者：是的。那怎么办呢？

咨询师：跳出你原有的思维模式，就像太极图一样的，不掉入任何一边，站在中轴上，让你的"觉"去平衡二者。

来访者：这样想好多了。

咨询师：与此同时，在"自"和"我"的互动中，"我"传递给"自"的信就是消极负性的，"自我"纠结消耗能量，身体的感觉也不舒服，体验越来越不好。"情"本来是自然流动"续"下去的，也因为纠结而变成了"绪"——情绪，"自"产生的"念"也变成以消极负性的画面不断呈现，身体不舒服的感觉一波接一波袭来，让人越来越纠结，越来越难以选择，由此负性情绪上升，智慧就会下降。

来访者：我就是这样的感觉，您说得太对了。你这样一分析，我感觉一下子清晰了。

咨询师：现在你体验一下，当你考虑到自己种种得失的时候，你的感觉是什么？

来访者：身体很不舒服，很烦。（小小我——只考虑自己）

咨询师：现在你站在父亲的角度和家庭的层面感受一下。

来访者：好像能够理解父母的良苦用心了。他们不希望自己费尽心血创造的财富交给别人经营，更希望自己的孩子可以从底层开始历练，成为一个有能力、有魄力、敢担当的成功人士。

咨询师：你现在的感觉是什么？

来访者：很感动，很心疼父母，有一股暖流流遍全身，心里热乎乎的。（小我——考虑家庭）

咨询师：现在你已经按照父母的意愿，实现了父母的愿望，接下来你想到的是什么？

来访者：我不负父辈的重托，把家族企业经营得有声有色，感到整个家族的能量充满全身，浑身有使不完的劲。（自我层阶——考虑家族）

咨询师：现在你感觉一下你所在的单位，你已经是高管了，你将你所有的资源灵活运用，将你的潜能充分发挥，你已经如愿得到了你想要的高管职位，也在这个位置上干得很成功。现在你的感觉是什么？

来访者：我感到我终于可以按照自己的设计实现自己的愿望了，同时可以给单位贡献自己的一点力量。我有一种实现自我价值后的满足感，我充满自信，信心百倍。（自我层阶——考虑集体）

咨询师：现在你找到一种可以同时实现父母愿望和自己愿望的一条路径和方法，会是什么呢？

来访者：我依靠个人的能力是无法实现的，因为我不可能既在国内又在国外。

咨询师：谁可以帮你呢？

来访者：姐姐在父母身边，可以照顾父母，企业的话……父亲的想法是老一辈人的思路。我可以聘请一个职业经理人，让他替代我完成相应的工作，而我可以出谋划策，贡献我的智慧，让家族企业更加兴旺发达。这样我就可以把之前不能完成的事情圆满完成。（自我层阶——考虑家族和集体）

咨询师：太好了！现在你的愿望和父母的愿望都实现了，你现在的感觉是什么？

来访者：我太佩服我自己了，我感觉到从未有过的满足感。我现在已经按照自己的规划进入国企了，而且是高管。我一方面要把自己的事情做好，大力发展中国国力；另一方面要利用我的资源加强同世界各国的联系，为国效力，贡献自己的智慧和力量。（我们的层阶——考虑国家）

咨询师：现在你已经实现了自己为国效力的愿望，你的感觉是什么？

来访者：我觉得内心充满了喜悦的感觉，我想到了习主席要建立人类命运共同体的论断。这次新冠病毒的暴发和流行，我们知道病毒不分民族、种族和国家，无差别地攻击人类，世界各国应该联合起来，建立一套应对各种病毒和流行病的防御体系，保护我们人类不受病痛的侵扰，健康幸福地生活在这个地球上。（大我的层阶——考虑人类）

咨询师：现在你的这个愿望已经实现了，你的感觉是什么？

来访者：我感觉到世界各国的人们和睦相处，脸上洋溢着幸福快乐的笑容，整个人类和自然界、宇宙成为一体，和谐相处，万物生机盎然，人们笑逐颜开，从未有过的满足。（真我的层阶——考虑宇宙、自然界）

咨询师：太好了！

来访者：感谢您带领我，让我的格局一下子打开了，我感觉到我的境界也提升了，我有一种顿悟的感觉。我知道我是谁了，我也知道如何规划好自己的人生了。谢谢您！

咨询师：祝福你！那我们就到这里。再见！

五、运用得觉"自我"分析

1. 来访者的"我"掉到了自己固有的非此即彼思维模式里，陷入困惑的事情里，越想越纠结，左右为难，无法自拔，"自"越来越不舒服，不断产生负性情绪和感觉，"我"越想，"自"越烦。

2. "我"一想到未来自己不想要的可能结果，"自"更烦，"我"更焦虑，"自我"对话越来越纠结，负性情绪越高涨，智慧越下降，"我"更想不出解决的办法了。

六、得觉咨询要点

1. 启动来访者的"觉"，让他跳出来看到自己的状态。"觉"就像一个人的 GPS，有了"觉"，就可以觉察、觉知、觉照自己当下的状态，觉察自己的情绪状态，觉察自己的角色状态，并处理情绪，扮演好自己当下的角色。

2. 引导来访者觉察到自己情绪的来源。来访者的情绪来自"我"的标签、面具、角色和习惯，引导他用"觉"来调整自己消极负性的"自·我"对话，使"自·我"对话和谐，从而唤醒他自己的智慧，开始松动自己的价值观。

3. 不断地提升来访者自己的生命层阶，让他从更高的层阶观自己。来访者可以清晰地了解自己的生命状态，从而可以知道"我"是谁，"我"要走向哪里，由此更好地规划自己的人生。

案例七　得觉催眠咨询个案

一、基本情况

某女，大学四年级学生。半年前在网上看到一条公安机关破获的凶杀案的新闻，新闻上面还配有从地里挖出来了几张肢解人体的图片，她看了以后经常会想起这些图片，慢慢地，她不敢一个人走夜路，不敢一个人坐电梯，她非常害怕，开始上课走神、注意力不集中、失眠，她总觉得一个人坐电梯或一个人走夜路时会碰到坏人，当一个人的时候那些肢解的图片就会在大脑不停闪现，挥之不去。一个同学陪同她来做咨询。

二、咨询师观察

来访者面部僵直，满脸焦虑，紧张不安和压抑。

三、咨询过程

咨询师：站起来，跟着我一起做深呼吸三次，吸，呼；吸，呼；吸，呼。然后再让大脑想一个字，把想的这个字用笔写在一张纸上。

她稍做停顿，写下一个"林"字。

咨询师：看着它，一直看着它，你，想到了什么？

来访者：我想到了一片森林，黑漆漆的一片。

咨询师：继续。

来访者：森林里只有我一个人，我什么都看不见，我有点害怕。

　　来访者在说这句话的时候，她呼吸加快了一点，双手微微地颤抖。这时咨询师轻轻地走到她身边，用手在她的后背轻轻拍了一下。"是的，眼前什么也看不见。我就在你身后，闭上眼，现在感受到了什么？"咨询师在她面前深深地吸了一口气，她也不自主地做了一个深呼吸。

　　来访者：感觉好多了，好像看见前面有亮光。

　　咨询师：太好了，你慢慢朝有亮光的地方走，现在看到什么？

　　来访者：好像前面有一条小路，小路的前方有灯光亮着。

　　咨询师：哦，是的，太好了，继续朝前走，我们很快就能走出森林。

　　来访者：我听到了森林里有风的声音，还有洪水的声音，声音越来越大，我有点害怕。

　　咨询师：继续往前走，我就在你身后。（咨询师同时用手又轻轻地拍了拍她的后背）

　　来访者：现在前面有很亮很亮的光，好像是中午的太阳照过来，很热的感觉，好像我已经走出森林了。

　　咨询师：是的，我们已经走出森林了！

　　来访者：但是前面好像没有路了，有一股很大的洪水挡住了我们的去路。

　　咨询师：哦，那先停一停，仔细找找，看看身边有没有别的路可以往前走。

　　来访者：看到了，在我的右边有一条小路。

　　咨询师：是的，太好了，那就顺着这条小路往下走。你，看到了什么？

来访者：看到了小路旁边有一条河流，不像刚才的洪水，没有大的波浪了。

咨询师：那顺着河流的方向往下走。你，又看到了什么？

来访者：我看到了小草，还有鲜花，好像还有鸟叫。

咨询师：哇，太好了，还看到了什么？（轻声问）

来访者：感觉河流变成了小溪，小溪旁边的路越来越宽了，草地越来越多，路面越来越平坦。

咨询师：是的，太好了，继续顺着小溪流水的方向走，你会发现更多的惊喜。

（来访者的脸上掠过一丝不经意的微笑，身体慢慢放松下来。）

咨询师：现在感受到什么？

来访者：好像看到了大海，正朝大海的方向走去，我感觉自己有点激动。我已经站在了海边的沙滩上，看到了日出，好像是早晨，还有海鸥，海的远处还有渔船。（她的语气平静而美好）

咨询师：哇，太好了！你可以让自己一个人静静地坐在海边，让海风吹，去放松你身上的每一个细胞，去想象你此时看到的那些美好的画面，你会越来越舒服，越来越有精神，越来越有力量！

之后，咨询师慢慢把她从催眠状态中唤醒，当她从催眠状态中醒来的时候，整个身体完全放松了，笑容也挂在脸上。然后咨询师再用力地跟她握手，左边一下，右边一下，又叫她的同学陪她一起跑了三层楼梯后再回来。当她跑回来的时候，她说感觉舒服多了，说话的声音也大了很多。最后，咨询师给了来访者一些积极正面的暗示与咨询建议。

四、运用得觉"自我"分析

1. 来访者的"我"看到报纸上的肢解图片，产生负面应激反应，让她的"自"不舒服和难受，"自"不安，导致"我"产生害怕、焦虑、紧张、失眠等心理反应。

2. 负面画面让来访者的"自、我"变小，小"自"产生许多不好的"念"，让"我"不断产生消极的"想"，由此出现退缩行为，不敢一个人出门坐电梯等。

五、得觉咨询要点

1. 处理当下情绪：通过引导来访者做深呼吸调整。

2. 找到切入口：通过一个"字"让她进入催眠状态，目的是用美好、积极、正性的画面进入她的无意识，去替换她大脑里负性的画面，让她的"自"不断确认"我"看到的、听到的、感受到的最美好的东西，并把这些美好的东西留在她的大脑里。

3. 定"我"安"自"：咨询师用手轻轻地拍来访者的后背，同时在催眠中加入积极正面的暗示语，让来访者的"自"有安全感。催眠唤醒之后，咨询师与来访者握手是对她的"我"留在大脑里正性画面的一个积极确认，同时再次给她的"我"以支持和力量；让她跑三层楼梯是让她的身体更有感觉（体感），强化身体细胞的记忆，也是强化来访者"自"里的美好感受。

4. 咨询建议：一是可以与来访者探讨把她的"我"放在与事有关的目标里，如选择一个她可以做并且能做的事；二是可以进行体质的训练，如跑步、原地跳等运动，以此增加"自"的感受与能量；三是可以建立她的家庭和社会支持系统以促进她的"自我"成长。

案例八　给典典种梦想

一、咨询背景

2019 年暑假，我去青岛讲课。开课前一天，青岛的一个学生和家人带我在老城区的几个景点转了转。我学生的女儿小学刚毕业，暑假开学后就读初中了，12 到 15 岁的年龄，正是孩子梦想显化的时期，中午吃饭的时候，我跟典典之间就有了一场关于梦想的对话。

二、咨询过程

我：说说看，你长大了想干什么？（我指着坐在典典身边的妈妈）像你妈妈这样，当护士，愿意吗？

典典：（果断地摇头）不愿意。

我：当老师，你愿意吗？

典典：（摇头）不愿意。

我一直问了 20 多种职业，典典都一一否定。为什么要用连续提问的方式呢？很多孩子对于自己未来要从事什么职业从来没有机会认真地思考过，他们也极少有机会在大人的陪伴下，一起认真地探索过未来。孩子身边熟悉的人物就是孩子的人生榜样——或者是他们想要成为的样子，或者是不想要成为的样子。所以，我从孩子身边熟悉的人物问起，用她身边熟悉的资源，帮她建立思考的通道，问了 20 多种职业，不急不躁，陪伴和等待足有 20 多分钟，让她自己慢慢地找梦想。最后，典典都说不想，这时候，她的脑袋

"空"了——脑袋"空"了，内心真正的想法才会慢慢浮现出来。

我：（过了一会儿，我回过头来指着典典的爸爸继续问）像你爸爸这样，当中医，愿意吗？

典典：（想了想，又摇头）不愿意……

我：（看到了她的犹豫，我追问了一句）为什么呢？

典典：怕医疗纠纷。

这个"怕"是哪来的呢？事后，我的学生反思说，他们夫妇二人一个医生、一个护士，平时各自忙，只有吃饭的时间一家人才能坐在一起聊聊天，各自医院里发生的医闹、医患，经常成为夫妻之间的话题，没想到这个"生活中的催眠"就在不知不觉间扎进了女儿的心。

我：（继续围绕与医生相关的职业追问）想不想当医学院的老师？

典典：（犹犹豫了一下）不能接受当老师。

我：现在最想干的一件事是什么？

典典想了至少有 10 分钟，我们在一边吃着饭，耐心地等待，我给她留出了足够的时间思考。

典典：（10 多分钟后）发明一种药物，拯救所有的癌症患者。

"所有的"慎重思考之后蹦出来的这个词，让我看到了典典的格局。孩子的梦一定要种在他们自己的心田里、自己的格局和领域里。典典脱口而出想要拯救所有的癌症患者，说明她是一个有大格局的孩子，有超越自我的、广阔的人生追求，所以，接下来，我用建设性提问进一步帮她清晰自己的梦想。

我：你愿意做生物医药吗？

典典：（眼睛亮了，盯着我）愿意！

我：好。现在，你已经大学毕业很多年了，经过你的辛勤努力，你已经成为一个生物医学领域内全世界的专家了。这时候，国家要给你颁发一个牌子：典典生物医学国家重点实验室。这块牌匾，你要挂在哪儿呢？屋里，还是屋外？横着挂？还是竖着挂？

典典：（眼珠飞转，想了一小会儿，眉眼挂着笑）屋子里面，横着挂。

我：确认吗？

典典：确认。

（接着，我立即让典典妈去干了一件事：我们吃饭的房间里有一棵红掌，我让典典妈去摘来一朵红掌，我拿在手里，邀请典典跟我一起照张相，照完相之后，我又跟典典郑重其事地握了握手。）

这个种梦想的过程，用到了语言确认——"你确认吗"；画面确认——"颁牌""挂牌"，跟她自己崇拜的人手捧着红掌合影；体感确认——合影之后，跟她握手……其中，很多年之后国家给她的实验室"颁牌"自己选地方去"挂牌"，把这些带进自己的梦想里。这个视觉化的方式，拉长了她的梦，放大了这个梦，清晰了她的梦，让她成为"目标里的人"。把梦想种在孩子的"自"里、感觉里，而不是种在"我"里、思维里，这样的梦想，才会由内而外释放出源源不断的动力。

第二天上课的时候，我进一步指导我的学生，也就是典典的爸爸：把孩子的梦想跟"自"里的感觉更进一步地嫁接在一起。典典爸爸告诉我，典典从小就是个"吃货"，对各种好吃的东西怀有天生的热情，我让典典爸爸上网查找生物制药专业国家排名前列的大学，他查到了，排名第一的是位于南京的东南大学，其次是北京的清华大学。典典爸爸决定，假期的游学，他们家首选南京，去东南大学转一转，吃遍周边的小吃，典典说她举双手双脚同意。暑假过后，典典开始了她的初中生活，典典爸爸告诉我说，典典每天晚上主动学习到 11 点多，像换了一个人，从来没见到她这么"刻苦"过。